# 小流域面源污染过程机理与控制研究

吴雷祥 关荣浩 周洋 等 著

U0259218

中国水利水电出版社
www.waterpub.com.cn
·北京·

## 内 容 提 要

居民点生活废污水无组织排放、坡耕地等降雨径流已成为面源污染的主要来源，进行小流域面源污染控制对保障流域水质安全具有重要意义。围绕着土壤氮、磷迁移扩散机理与小流域面源污染控制，本书主要研究内容：基于人工模拟降雨试验，针对施肥方案和降雨强度双因子对氮、磷径流流失的组合影响展开试验研究，分析不同条件下农田径流中溶解氮和总磷的变化趋势，建立径流中不同形态氮、磷的流失量与降雨强度、施肥量和径流量等多因子之间的关系；同时建立适用于农村地表径流氮、磷吸附材料选择的指标体系，研发适用于我国农村污水处理的绿色营养盐吸附材料，在开展生物滞留池和生物接触氧化法模拟试验研究的基础上，将两者有机结合，为解决小流域面源污染的实际问题提供参考。

本书具有较强的技术性与针对性，可供从事环境科学、生态学、农业科学、资源保护及相关领域研究的科研技术人员、管理人员，以及各大专院校相关专业师生等参阅。

## 图书在版编目（CIP）数据

小流域面源污染过程机理与控制研究 / 吴雷祥等著
. -- 北京 ：中国水利水电出版社，2021.11
ISBN 978-7-5226-0153-3

Ⅰ．①小… Ⅱ．①吴… Ⅲ．①小流域－农业污染源－
面源污染－污染控制－研究 Ⅳ．①X501

中国版本图书馆CIP数据核字(2021)第209500号

| | |
|---|---|
| 书　　名 | **小流域面源污染过程机理与控制研究**<br>XIAOLIUYU MIANYUAN WURAN GUOCHENG JILI YU<br>KONGZHI YANJIU |
| 作　　者 | 吴雷祥　关荣浩　周　洋　等　著 |
| 出版发行 | 中国水利水电出版社<br>（北京市海淀区玉渊潭南路 1 号 D 座　100038）<br>网址：www.waterpub.com.cn<br>E-mail：sales@waterpub.com.cn<br>电话：(010) 68367658（营销中心） |
| 经　　售 | 北京科水图书销售中心（零售）<br>电话：(010) 88383994、63202643、68545874<br>全国各地新华书店和相关出版物销售网点 |
| 排　　版 | 中国水利水电出版社微机排版中心 |
| 印　　刷 | 天津嘉恒印务有限公司 |
| 规　　格 | 184mm×260mm　16 开本　8.25 印张　201 千字 |
| 版　　次 | 2021 年 11 月第 1 版　2021 年 11 月第 1 次印刷 |
| 印　　数 | 001—700 册 |
| 定　　价 | **58.00 元** |

# 前　言

　　近年来，随着点源污染净化技术的显著进步，农业来源的氮和磷的无控制排放引起的水体富营养化问题日益突出。2020 年 6 月发布的《第二次全国污染源普查公报》数据显示，2017 年中国农业源水污染物排放量中化学需氧量为 1067 万 t，总氮 141 万 t，总磷 21 万 t，远超环境负荷的污染物进入地表水体是导致湖泊、水库和海湾富营养化和有害藻类暴发的重要原因之一。在 21 世纪初农业已超越工业成为中国水系统的最大污染来源，农业面源污染对水质退化的影响成为了一个深入研究的主题。近年来，环保部门围绕我国农村生态环境保护修复做了大量工作，但农业污染防治任务仍十分艰巨。

　　农业面源污染形成的主要原因是农用化学品的过度施用与不规范处理，农业耕作、畜禽养殖和农村生活污染被认为是农业面源污染的三大来源。农田土壤养分流失是农业污染源的主要表现，土壤中的污染物在降雨径流的驱动作用下溶出、下渗扩散至周围自然水体或土壤中产生污染。农业面源污染具有发生区域随机、分布范围广、形成机理复杂、排放途径及污染物类型不确定等特点。这些特点导致农业面源污染的控制难度较大、管理成本较高，因此以小流域为单元，进行居民生活污水和农业面源综合治理，对于保障流域水质安全具有重要意义。

　　本书从农业面源污染过程机理与控制两方面开展研究。全书共 6 章。第 1 章介绍研究背景以及相关理论与技术的国内外进展，并确定研究思路与方案，给出研究的总体框架；第 2 章基于人工模拟降雨试验，分析不同降雨与施肥条件下农田径流中不同形态氮、磷所占比重及变化趋势；第 3 章针对外界因素（降雨强度、施肥量、径流量）与氮、磷流失量进行相关分析并建立回归模型，综合分析多因子影响因素对农田氮、磷流失变化规律的影响机理；第 4 章综合材料氮磷吸附性能、经济效益、环境效益等因素，研发用作生物滞留池基质的绿色营养盐吸附材料，研究新基质的材料特性和去污能力，为基质应用于生物滞留池提供技术参数；第 5 章构建生物滞留池小试模拟装置，研究生物滞留池试运行期基质本底对污染物去除效果的影响，探讨滞留池在稳定运行期对污染物的削减效果；第 6 章构建多套生物接触氧化中试模拟试验装置，系统开展运行控制参数优化研究，讨论不同填料对 $COD_{Cr}$、$NH_3-N$、$TN$、$TP$ 等污染物的去除效果。

本书由吴雷祥、关荣浩等著，具体编写分工如下：第 1 章综述由吴雷祥、关荣浩、梁林林、刘昀竺主撰，第 2 章外界因素对农业面源污染过程的影响由关荣浩、马保国、梁林林主撰，第 3 章外界因素对氮磷流失量的影响分析由关荣浩、梁林林主撰，第 4 章绿色营养盐吸附材料研发由吴雷祥、周洋、梁林林主撰，第 5 章生物滞留池构建由吴雷祥、刘昀竺主撰，第 6 章生物接触氧化法运行参数优化由吴雷祥、周洋、刘昀竺主撰。全书最后由吴雷祥、关荣浩统稿。

本书是若干科研项目研究成果的结晶。本项研究和本书的出版得到了库区维护和管理基金（2136703）、国家自然科学基金（51879279）、国家"十二五"水专项课题（2013ZX07104004）、河北省科技项目（12220802D、16274207D）、河北省高校科研计划重点项目（ZD2015083）的资助。同时，本书在编写过程中，参考了部分专家、学者相关领域的著作和论文，在此向所有参考文献的作者表示衷心的感谢。

限于著者水平和编写时间，书中难免存在不足和疏漏之处，敬请读者批评指正。

作者

2021 年 3 月

# 目 录

# 第1章 综　　述

## 1.1　研究背景

近年来，农业来源的氮和磷的无控制排放引起的水体富营养化已经发展成为最受关注的环境问题之一[1-2]。1960 年以来欧美发达国家开始在第三世界推行绿色革命，采取的措施包括推广新型粮食品种和化肥、增加化肥的使用、改善灌溉和管理等，以提高粮食单位面积产量和总产量[3]，其中施用化肥是提高粮食产量的最简单、最有效的方法，实验结果证明，与不施肥相比，平衡施用氮、磷、钾肥可使农作物平均产量提高 50％～170％[4]。农业肥料的使用是一项重要的土地管理措施，它缓解了农田的氮素限制，大幅提高了作物产量和土壤肥力[5]，据联合国粮食及农业组织（Food and Agriculture Organization of the United Nations，FAO）数据显示，化肥对粮食生产的贡献约占 40％[6]。然而在农业生产过程中，农民为了追求高产通常施用高于推荐施肥水平的肥料，导致土壤中大量氮、磷元素过剩和积累[7]。随着点源污染净化技术的显著进步，农业面源对地表水和地下水的氮磷污染问题日益突出[8]。在 20 世纪 70—80 年代，由于北美洲的苏必利尔湖、密歇根湖、休伦湖、伊利湖和安大略湖的水体富营养化问题，面源污染对水质退化的影响成为一个深入研究的主题[9]。荷兰、丹麦和美国地区导致地表水污染的 N、P 元素有50％来自面源污染[10]。面源污染往往来自广袤的土地，并通过地表、地下甚至通过大气层输送到受纳水体，因此难以测量和控制。一般来说，农业来源包括农田种植、牲畜家禽、水产养殖、农村径流和分散的生活污水是造成面源污染的主要原因，目前世界范围内30％～50％的表层土壤受到了农业面源污染的影响，在发展中国家尤其如此[11-12]。

2020 年 6 月发布的《第二次全国污染源普查公报》数据显示，2017 年中国农业源水污染物排放量中化学需氧量为 1067 万 t，总氮（TN）141 万 t，总磷（TP）21 万 t；化肥总使用量达到 5859 万 t，位居世界第一，比 1997 年增长 47％[13-14]。中国每年向仅占世界耕地总量 7％的耕地施用了世界 1/3 的化肥，这导致全国大部分农田存在化肥使用过度。以蔬菜为例，由于蔬菜作物根系浅、喜肥、喜水等营养特性，在实际种植生产中，为了追求高产、高收益，化肥用量普遍偏多，部分地区氮肥用量甚至达到 3000kg/hm²，比作物实际需氮量高出数倍，导致蔬菜作物品质下降、菜地理化性质恶化、流域水体富营养化以及地表水和地下水的硝酸盐污染等一系列环境问题。同时，由于单位面积施肥过度使得我国化肥的利用率较低，当季氮肥利用率仅为 35％，而温室中仅为 10％，在华北平原等[15-17]的农业密集区，氮的利用效率低至 18％和 15％；当季磷肥利用率只有 10％～25％。远超环境负荷的污染物进入地表水体是导致湖泊、水库与海湾富营养化和有害藻类暴发的重要原因之一，严重威胁了流域水环境的安全，且在 21 世纪初农业已超越工业成为中国水系统的最大污染来源[18-20]。因此，必须采取有效措施控制未被处理的农村居民生活污水与农田的暴雨径流进入水体，从而达到有效控制农业面源污染的目的。

## 1.2 研究思路

农田径流作为农业面源主要的污染物扩散途径，目前关于农田土壤氮、磷随地表径流流失的规律与机理的研究多在坡面产流或模拟降雨的条件下开展。野外降雨试验往往需要较长试验周期，自然降雨涉及许多不可控的因素，因此收集到理想数据相对困难。相比之下，人工模拟降雨试验可以模拟自然降雨的不同强度，缩短试验周期，控制试验条件，便于对径流的发生及演化及时进行观察[21]。国内外学者在传统自然降雨观测研究的基础上不断创新研究方法，为人工模拟降雨试验的研究开辟了道路，使得人工模拟降雨产流及氮磷流失的研究可以更加深入地开展[22-25]。本书基于人工模拟降雨对农田氮磷径流流失展开试验研究，分析不同条件下菜地径流中氨态氮（AN）、硝态氮（NN）、溶解氮（DN）、颗粒磷（TPP）、溶解磷（TDP）、总磷的变化趋势，尽可能地还原农田中氮磷流失的完整过程。

小流域居民点无组织排放和坡耕地氮磷进入河道一般通过两种方式：①分散农户生活污水通过排水沟汇流后排入水体；②降雨径流挟带地表污染物进入水体。常用的降雨径流污染物去除方法包括人工湿地、生态沟渠、河湖滨岸缓冲带、氧化塘、生物滞留池，不同方法的优势和不足见表1.1。

表 1.1 降雨径流污染物去除方法比较

| 技术方法 | 技 术 特 点 |
|---|---|
| 人工湿地 | 优点：高效率、低投资、低运行费用、基本不耗电；<br>缺点：受季节影响大、需专业管理和技术人员维护；长期运行易堵塞 |
| 生态沟渠 | 优点：兼顾氮磷削减能力和景观效应、成本低、易维护；<br>缺点：易受地形地貌限制 |
| 河湖滨岸缓冲带 | 优点：对浊度和磷削减效果较好，兼有水土保持和景观功能；<br>缺点：易受到土地资源和坡地结构等方面的限制 |
| 氧化塘 | 优点：结构简单、低投资、低运行费用，兼有景观功能；<br>缺点：占地较大、水力停留时间长、除磷效果较差 |
| 生物滞留池 | 优点：兼具氮磷削减和景观功能、占地面积小、对地形要求不高、设计灵活、易维护；<br>缺点：对氮、磷削减效果稳定性较低，受基质影响大；长期运行易堵塞 |

本书综合考虑以上5种降雨径流污染物去除方法[26-30]，结合研究区域山高坡陡、可利用土地资源少、经济技术水平低的特点，以运行费用低、易维护、占地面积小、处理效率高等为原则，选取生物滞留池技术应对降雨径流氮磷面源污染。生物接触氧化法属于生物膜法的一种，在生物滤池的基础上发展而来，具有污染物处理效率高、占地面积小、易维护、抗冲击负荷能力强等技术优势[31]。通过对生物接触氧化法和滞留池的兼容性评价（表1.2），以生物接触氧化法为前置处理单元，生物滞留池为深度处理单元，提出了生物

接触氧化＋滞留池组合工艺。组合工艺优势互补，既可充分利用两种技术的优点（生物滞留池应用方式灵活，建设及运行成本低，具有良好的景观效果；生物接触氧化法占地面积小，污染物容积负荷高，低温适应性较好），又可弥补两种技术各自的短板（滞留池可强化生物接触氧化的除磷效果，并处理降雨径流；前置生物接触氧化法可有效防止滞留池堵塞，并在较长干旱期为滞留池中植物生长补充水源）。

表 1.2　　　　　　　　　　　生物接触氧化法与滞留池工艺兼容性评价

| 评价项目 | 生物接触氧化法 | 生物滞留池 | 兼容评价 |
|---|---|---|---|
| 进水水质 | 高低浓度均可 | 较低浓度 | 互补 |
| 水量 | 不适合降雨径流 | 大小均可 | 互补 |
| 运行方式 | 连续、间歇均可 | 连续、间歇均可 | 相容 |

生物接触氧化法与滞留池组合工艺流程如图 1.1 所示。

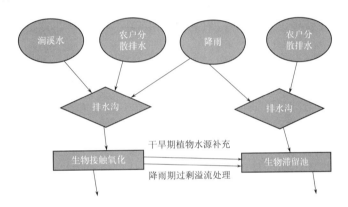

图 1.1　生物接触氧化法与滞留池组合工艺流程示意图

# 1.3　国内外研究现状

## 1.3.1　农业面源污染机理研究进展

### 1.3.1.1　农业面源污染的概念与特点

面源污染（non-point source pollution，NPS）是由许多扩散的污染源造成的污染，与工业和污水处理厂产生的点源污染不同，点源污染监测污染物的排放和浓度较为方便，其监管和控制相对简单，可以通过源头处理来实现，而面源污染来自许多分散源，与单一来源造成的点源污染形成直接对比[32]。常见的面源污染类型包括农业、林业、矿区、城市以及河岸湿地等，面源污染一般是由土地径流、降水、大气沉降、排水、渗流或水文变化（降雨和融雪）造成的，而在这些情况下，很难追溯到单一来源[11]。同时，污染物随着径流的移动，吸收并带走自然和人为的污染物，最终将其沉积到湖泊、河流、湿地、沿海水域和地下水中[33-34]，如图 1.2 所示。常见的面源污染源包括来自农田和居民区的过量肥料、除草剂和杀虫剂，能源生产中的油脂和有毒化学物质，管理不当的建筑工地和林地以及侵蚀性河岸的沉积物，灌溉作业产生的盐分和废弃矿山的酸排放，牲畜和化粪池系统故障的细菌和营养素，大气沉降以及河流工程[9,33,35]。

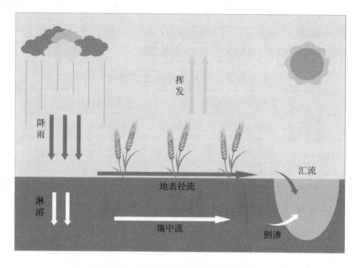

图 1.2 土壤养分的主要损失途径

农业面源污染（agricultural non-point source pollution，ANPS）形成的主要原因是农化用品的过度施用与不规范处理[36-37]。农业耕作、畜禽养殖和农村生活污染被认为是农业面源污染的三大来源，农田土壤养分流失是农业污染源的主要表现[38-39]。农业面源污染的产生是一个连续动态的过程，降雨是面源污染产生的动力来源，形成的径流是污染物输出的载体，径流对土壤的侵蚀强度影响着养分流失的程度。土壤中的污染物在降雨径流的驱动作用下从土壤中溶出和下渗扩散至周围自然水体或土壤中产生面源污染[40]。伴随着人口的快速膨胀，粮食需求不断增长，为了提高单位面积粮食产量，作物生长过程中商业无机肥料的过量使用直接地增加了生态系统中 N、P 等营养物质的供应，加速了淡水和沿海水体的富营养化，并导致慢性缺氧、物种多样性减少和渔业资源紧张[41]。从氮肥中挥发出的 $NH_3$ 不仅直接导致氮素的损失，而且还与平流层中的 $OH^-$ 反应，导致氮氧化物（$NO_x$）的产生，挥发的 $NH_3$ 通过干湿沉降返回土壤，成为 $N_2O$ 和 NO 的第二来源，硝酸盐等其他形式的氮迁移到地下水和地表水中，极大地改变了环境系统中的氮浓度，导致一系列的水质恶化与水体富营养化[42]。

国外关于农业面源污染的研究起始于 20 世纪 60 年代，以美国、英国和日本等国家开展较早，70 年代后面源污染引起世界范围重视，对面源污染的研究并于 80 年代进入蓬勃发展时期[43-45]。1960—1970 年间，西方发达国家就开始意识到农业化肥对地下水环境的严重危害，美国学者 James 等[46]通过对过度施肥农田长达 3 年的持续观测发现，施肥后的磷在表层土壤中可滞留 2～3 年，且随着磷的淋溶与矿化作用，在土壤深度 210cm 处仍能检测到远高于原始状态的磷含量。1974 年，Schuman 等[47]在美国爱荷华州西南部密苏里河流域进行农田实验发现施用化肥的农田对该流域内河流氮素的贡献率超过 69%。由于荷兰农场使用大量肥料（表 1.3），农业占地表水氮排放总量的 60%，磷排放总量的 40%～50%，20 世纪末，针对面源污染荷兰政府推出一系列措施来减少农场土壤养分流失，例如恢复缓冲带和湿地，降低地下水位，在土壤中添加铁和铝化合物，以及在富营养化的湖泊中采取一些额外措施等[48]。1989年以来，丹麦在270条河流中监测了水环境的营养负荷，来自农业面源的扩散性养分负荷是丹麦水环境富营养化的主要原因，在1993年农业面源污染分别占河流氮、磷负荷的94%与52%[49]。

**表1.3** 世界各国化肥施用水平（数据来自联合国粮食及农业组织）

| 国家和地区 | 氮肥施用量水平/[kg/(hm² · a)] | | | 磷肥施用量水平/[kg/(hm² · a)] | | |
|---|---|---|---|---|---|---|
| | 2005 年 | 2010 年 | 2015 年 | 2005 年 | 2010 年 | 2015 年 |
| 世界 | 57.6 | 65.1 | 68.6 | 25.0 | 27.8 | 30.1 |
| 美国 | 65.6 | 69.8 | 77.5 | 24.6 | 21.2 | 26.8 |
| 中国 | 213.5 | 241.9 | 228.5 | 94.7 | 115.3 | 116.4 |
| 印度 | 75.0 | 97.2 | 102.5 | 30.7 | 48.4 | 41.2 |
| 印度尼西亚 | 59.1 | 62.4 | 61.3 | 8.0 | 11.2 | 17.1 |
| 日本 | 118.0 | 97.9 | 79.9 | 130.3 | 92.4 | 76.8 |
| 荷兰 | 244.4 | 205.8 | 203.1 | 42.6 | 29.0 | 12.2 |
| 西班牙 | 51.8 | 54.7 | 62.5 | 28.8 | 19.6 | 24.2 |
| 泰国 | 55.4 | 79.2 | 80.7 | 17.1 | 24.1 | 16.4 |
| 阿根廷 | 18.9 | 19.8 | 14.5 | 15.1 | 17.5 | 11.6 |
| 澳大利亚 | 19.1 | 22.9 | 28.0 | 20.9 | 19.2 | 20.0 |
| 巴西 | 27.1 | 47.4 | 44.2 | 37.6 | 43.6 | 52.7 |

我国开展农业面源污染研究稍晚，始于20世纪70年代末，90年代开始日益增多，近30年来，国内面源污染研究方法不断发展，主要经历了原位实验、经验统计模型、机理模型3个主要阶段，研究内容也逐步拓展和丰富，研究领域主要为农业面源污染的产生过程、形成机理、污染物迁移、污染负荷、模型预测及防控措施研究[10,32,45,50-51]。与点源污染相比，面源污染起源于分散的、多样的地区，地理边界和发生位置难以准确界定，具有随机性强、形成机理复杂、涉及范围广、控制难度大等特点，例如南方地区高密集度的降雨与西北地区松散的土壤结构，导致这两个地区属于典型的农业面源污染严重区[52-55]。目前针对我国不同地域的农田土壤养分流失研究工作颇多，已有研究表明土壤中氮的含量与土地耕种年限呈正相关关系，并在土壤中以硝态氮的形式存在，当淋洗条件不足时，硝态氮含量会逐年增加，从而导致土壤氢离子浓度指数降低[50,56]。Min等[57]连续4年的田间试验数据表明，将农民的传统施氮量降低40%，不会降低作物产量但会明显减少氮素损失。P在土壤中大多以难溶的颗粒态的形态存在，易被固定于土壤中，从20世纪中期我国磷肥生产至今，全国土壤磷累积量超过9000万t $P_2O_5$，是当前国家磷肥年使用量的12.3倍。目前我国面源污染对总体水污染的贡献可达81%之多，因此，过去几十年以来有效地控制面源污染的经验逐渐成为水体富营养化控制的关键[9]。

### 1.3.1.2 农业面源污染的主要影响因素

#### 1. 降雨条件

农业面源污染的产生本质上是降雨主导下的产汇流阶段污染物以地表径流和壤中流为载体的物理扩散过程，因此能够对产汇流阶段产生直接或者间接影响的因素都会影响到农业面源污染[58-59]。关于农田土壤氮磷流失的影响因素的研究有很多，常见的包括气象因素（降雨强度、降雨历时以及降雨量等）、地理因素（农田所在区块的坡长和坡度等）、土壤状况（土壤类型、初始养分含量和初始土壤含水量等）与作物田间管理（作物类型、耕作方式、施肥与灌溉等）等。其中降雨条件主要包含降雨强度、降雨历时、雨滴动能以及降雨量等参数。降雨强度与雨滴动能决定着雨水对农田冲刷侵蚀作用的程度，雨滴打击土壤表面，剥离分散土壤颗粒，破坏土壤结构，原本吸附于土壤颗粒表面的可溶性氮磷污染物一大部分转移至地表径流，并伴随汇流过程迁移至附近的河流与湖泊，另一部分伴随着雨水的下渗扩散到土壤深层，最终污染地下水[60-61]。Grigg 等[62]在美国密西西比河下游河谷地区调查发现径流中硝酸盐的流失受气候影响，在干旱期间，由于径流量减少，硝酸盐损失减少，而渗滤液中硝酸盐损失的质量增加了 2 倍。Shen 等[63]建立黄土丘陵地带细沟侵蚀速率与降雨强度和坡度的拟合方程，结果表明降雨强度对细沟侵蚀过程及其水动力特性具有重要影响。陈玲等[64]通过对不同雨强下黄棕壤坡耕地径流养分输出机制的研究发现，随雨强的增大，TN 随地表径流流失贡献率随雨强的增大由 36.5% 增加至 57.6%。王月等[19]的研究表明旱地农田中氮的流失形态以硝酸盐为主，TN 流失量随着降雨强度的增大而增加，TP 流失量随降雨强度的增大而降低，流失过程相对平缓，磷的流失形态以颗粒态磷为主。

降雨条件的差异也是影响不同土壤层次产流的主要原因，在同一地区内降雨过程、雨量和雨前土壤含水量的不同是导致壤中流产流量差异的重要因素[65]。Van 等[66]针对西班牙西南部半干旱区的坡地水文过程研究表明，强降雨事件中该地区产流模式为超渗产流，以地表径流为主，壤中流产流量占总径流量的 13%；在弱降雨事件中，土壤中孔隙逐渐湿润，大孔隙流成为壤中流的主要形式，壤中流产流量可占总径流产流量的 80%。国内研究表明，紫色土坡面壤中流的产生存在着一个临界雨强，约为 2.1mm/min，试验条件下，壤中流与地表径流之比介于 0.2%～2.7%，但紫色土壤中流养分含量较高，一般为地表径流养分含量的 4.32～6 倍，林超文等[67]的研究发现在紫色土平衡施肥条件下磷素和钾素流失总量随雨强的增加而增加，氮素的主要损失途径是地下径流。相对于氮素流失，目前关于磷素通过径流与淋溶流失的研究相对较少，特别是对于壤中流，已有的研究主要关注于不同降雨条件和地形因素下土壤农田磷素随地表径流的迁移特征[68-70]。梁斐斐等[71]所做的降雨强度对三峡库区坡耕地土壤氮、磷流失主要形态的影响研究结果表明，大雨时产生的径流量分别为中雨和小雨时的 2.34 倍和 7.59 倍，产生的累积泥沙量分别是中雨和小雨的 8.34 倍和 111.38 倍，导致的氮磷流失远远超过中雨与小雨。因此，尽管壤中流总量在总径流量中的比例并不高，但由其挟带而流失的养分仍不容忽视。

2. 施肥条件

全世界每年用于粮食生产的 1.2 亿 t 氮素中，只有 10% 被人类直接消耗，农田化肥施用量远超作物养分需求，导致土壤中氮、磷不断的积累，大部分未被利用的氮磷被广泛分散到环境中，最终流入地表水体，成为主要的面源污染源[72-73]。过量施用化肥是造成养分严重流失的主要原因之一，为了提高对土壤养分流失的认识，许多研究探讨了农田氮磷损失与环境变量之间的关系[74-75]。研究表明美国接近 50% 的湖泊处于富营养化状态，导致富营养化的主要因素是磷酸盐，高浓度的磷酸盐会促进蓝藻和藻类的生长，而蓝藻和藻类的死亡会消耗氧气，同时藻类的大量繁殖还会产生有害毒素，这些毒素会在食物链中积累，最终危害人类[76]。施肥条件的不同对面源污染的影响很大，例如肥料种类，施用方式，以及施肥前期土壤含水量等。目前国内外关于这方面的研究有很多。侯金权等[77]采用不同施肥方案对白菜生长期进行处理，研究其对作物的物质积累与养分吸收的影响发现，是否使用肥料对白菜产量影响较大，各施肥处理比不施肥对照平均增产达 33.1%，但各施肥处理之间产量差异并不显著。Cui 等[78]对华东地区稻田长期施用氮肥和有机肥对氮、磷径流损失影响的研究，采用有机肥料替代氮肥能够减少氮的流失，但却增加了地表径流中磷的损失，且施肥后早期发生的地表径流是造成总氮流失的主要原因。黄宗楚等[79]在上海宝山罗店镇旱地蔬菜农田生态系统 6 个月的观测结果显示，地表径流氮磷流失量中当季肥料流失率达到 37.7% 和 26.9%。蔡媛媛等[80]针对华北平原不同施氮量与施肥模式对作物产量与氮肥利用率影响的研究表明，作物产量与施肥量之间整体呈抛物线趋势，氮肥利用率随着施氮量增加呈下降趋势，不同施肥模式对氮肥利用率有一定影响。因此如何协调作物产量与农田径流氮磷流失量这两方面对于面源污染防控十分重要。

同时，田间化肥的使用作为农业面源污染物的直接来源，也有大量研究表明过量施用化肥对蔬菜产量和品质的提高不明显，而且会导致田间氮磷元素的富集和累积，在下次降雨径流发生时在淋溶作用下扩散至土壤水与壤中流中，导致田间径流中氮磷元素浓度爆发，进而导致深层次的难以处理的地下水污染[80-82]。罗春燕与庞良玉等[67,83]关于紫色土养分流失的研究结果显示，一次性施肥对地下水氮素浓度有显著影响，使得农田氮素流失量加大，玉米生育后期供肥不足，造成玉米减产，且过量施氮降低了玉米植株高度和覆盖度，减小了玉米冠层覆盖度，导致雨滴直接打击地表土壤，加重了土壤养分流失，降低了氮肥利用率。李娟[84]关于不同施肥处理对稻田氮磷流失风险及水稻产量影响的研究结果显示，监测期间不同施肥处理的田面水中总氮与总磷的浓度随着施肥量递减，其中 90% 常规施肥和 80% 常规施肥相较于常规施肥总氮的平均浓度分别减少 17.32% 和 28.44%，总磷的平均浓度减少 17.61% 和 33.44%，其研究表明试验区减量 20% 的氮磷施用量短期内是可行的，不仅能有效降低稻田氮磷流失风险，还能保障水稻产量和提高氮磷利用率。

3. 地形条件

常见的地形条件包括农田所在区块的坡度、坡长和坡向，主要影响降雨之后的产汇流阶段污染物的输出过程。地形条件对产汇流过程的影响体现在地表径流流量与坡面汇流速度，间接改变坡面产流量、产流速率以及流切应力等，改变了雨水对土壤的侵蚀程度与范围，从而对面源污染的扩散产生影响。目前多数研究表明，5°是产生水土流失的起始坡度，地表产流开始时间随坡度增大而减小，同时在 5°～20°之间存在一个明显的转折点，使得壤中流产流开始时间随坡度的增大呈现出先减小后增大的趋势[85-87]。在雨强逐渐增大时，水流的含沙量、径流量与坡长呈线性关系，产流时间则随坡长的增加而推后，产沙量与坡长则呈指数关系[88]。胡博[89]关于不同坡度及降雨强度下面源污染中磷素流失特征研究结果显示，随着地表径流流失的总磷和颗粒磷的浓度与坡度呈正相关，而溶解磷浓度与坡度呈负相关，且不同坡度下，总磷、溶解磷和颗粒磷的浓度均随着土壤层次的加深而呈现递减的分布规律。李虎军[90]在黄土高原开展的关于坡长对坡面水土养分流失的研究结果表明，坡面产流时间随坡长的增加呈幂函数减少趋势，坡面径流量、坡地单位面积径流铵态氮和水溶性磷流失量与坡长呈现正相关走势。

　　4. 土壤状况

　　面源污染的产生过程位于土壤表层，土壤类型、初始养分含量和初始土壤含水量的变化间接改变了坡面地形条件，从而对下渗过程、坡面产汇流自调节过程和土壤侵蚀过程等产生直接或间接影响。Black 和 Al-Kanani 等[91-93]采用 3 种方法测定撒播尿素颗粒的农田氨挥发量，具有自然高 pH 值的石灰性土壤、中性或低酸性 pH 值土壤在施用尿素或动物尿液时均会导致氨气的大量损失；土壤含水量影响溶液中氨的浓度，因此土壤含水量低会导致溶液浓度高，从而导致氨挥发损失高，而在非常低的土壤湿度水平下，尿素肥料的溶解速率和尿素水解速率将会削弱，氨的损失也会减缓。陈安磊等[94]在红壤坡耕地的研究表明径流水中氮素流失量随土地利用方式的不同表现出明显差异，大小顺序为：农作＞油茶林＞湿地松＞草地＞自然林。陈晓安等[95]针对土地利用与耕作方式对养分流失的影响研究结果显示，裸露地地表产流产沙量最高。不同土壤质地地表径流与壤中流氮磷流失比例也存在差异，丁文峰等[96]研究表明紫色土坡面中壤中流占总径流量的 0.2％～2.7％，而壤中流养分含量为地表径流的 4.3～63 倍，壤中流携带而流失的总氮量占坡面总氮流失量的 0.36％～7.82％；在黄泥土中壤中流氮素流失量占氮素总流失量的 18％，其挟带而流失的养分不容忽视[97]；刘娟等[98]所做的 4 种土壤磷素淋溶流失特征研究结果显示，不同类型土壤全磷和有效磷含量差异性显著，由高到低依次为水稻土＞潮土＞黑土＞红壤；在黄棕壤坡耕地中氮素的流失以壤中流为主，总氮随壤中流流失贡献率可达 42.4％～63.5％，而磷素以地表径流为主，贡献率达 90％以上，控氮的关键是减少壤中流的产生，控磷则需防止土壤侵蚀[64]。

## 1.3.2　生物滞留池研究进展

### 1.3.2.1　起源与分类

　　1. 起源

　　生物滞留池（bioretention），又称雨水花园（raingarden），是一种下凹式绿地景观工程设施，通过对降雨的截流并暂时储存，达到节水控制和污染削减的目的，属于最具代表的低影响开发（low impact development，LID）和面源控制技术之一[99]。生物滞留池通常建在低洼地带，其工作原理是将降雨期雨水截流储存，在非降雨期通过渗透、蒸发、蒸腾等过程实现径流的自我消化，通过植被、吸附介质、池中微生物等多方面的物理、化学、生物共同作用去除截留雨水中的污染物[100]，以实现水质净化和水资源高效利用的双重目标。

"生物滞留"概念提出于 20 世纪 90 年代，美国马里兰州的 Larry Coffman 团队基于自然生态系统截流原理，创新性地提出了植被-土壤-微生物过滤系统，该系统利用附着生物膜去除雨水中污染物，表现出良好的景观效果和去污性能，并命名为"雨水花园"。结合景观学、林学、水文学、土壤学等不同学科，经过不断的探索，1993 年，Larry Coffman 团队将生物滞留系统设计技术汇集出版，并建设了首个生物滞留池工程。

2. 分类

根据生物滞留池与环境的水力联系，以及设施本身是否存在强化脱氮的淹没区域、是否存在排水管，将其分为 5 种类型[101]：

（1）有排水管、内衬和淹没区的生物滞留池。此类生物滞留系统在砾石排水层中铺设有排水管，能起到快速排水和便于水资源回收利用的作用。在滞留池基质和周围土壤之间设置内衬，主要是为了阻止来水污染物渗流进入周围土壤，从而减少甚至避免对周边土壤和地下水的污染。通过抬高出水口的设计方式，使出水口以下部分基质被来水浸没变为淹没区，为干旱期植物生长对水分的需求提供保障，同时，淹没区提供的厌氧条件有利于反硝化菌生长从而提高 $NO_3 - N$ 去除能力，进而增强系统除氮能力。此种类型系统推荐用于以下情况：不能向周围土壤渗滤（比如周围土壤和浅层地下水有所联系、污染物浓度较高）；气候干旱期较长（连续 3 周没有水流入系统），淹没区为植物生长提供水源；径流中硝态氮负荷较高，受纳水体对脱氮有较高要求；有雨水收集处理后循环利用需求。

（2）有排水管、有内衬、无淹没区的生物滞留池。与前一个系统相比，该类生物滞留系统无淹没区，推荐应用于以下情况：不能向周围土壤渗滤（比如周围土壤和浅层地下水有所联系、污染物浓度较高）；没有长时间干旱气候；无强化脱氮的需求；有雨水收集处理后循环利用需求。

（3）有排水管、无内衬、无淹没区的生物滞留池。此类生物滞留系统是最常见的类型，在砾石排水层中铺设有排水管，能起到快速排水和便于水资源回收利用的作用。为了确保污染物的充分处理，需要根据进水污染物浓度设置过滤基质厚度，同时，为了避免基质进入排水管造成堵塞，过滤层和砾石层之间需设置滤布。此类系统推荐用于过滤吸附基质的水力传导系数远大于周边土壤（至少一个数量级），所在区域降雨期间隔小于 3 周，无须强化脱氮功能且部分补给地下水的区域。

（4）有排水管、无内衬、有淹没区的生物滞留池。此类系统只能在侧面发生渗滤，向周围补充地下水的能力有限，同时对 $NO_3 - N$ 去除有强化作用，适用于存在长时间干旱气候且少量补充地下水的区域。

（5）渗透型生物滞留池。此类生物滞留系统没有排水管，也不设置淹没区和内衬，径流来水完全通过渗透作用排入周边土壤，为了确保高流量进水通畅，须对当地土壤的渗透速率进行提前检测，保证土壤孔隙率能够满足来水下渗速率大于 1.32cm/h。此种类型系统推荐用于来水处理后出水达到周边区域用水需求，也就是说周边土壤允许渗透的区域，主要目的是改善水质和削减径流量，不适用于雨水收集循环再利用。

不同类型生物滞留池系统的配置如图 1.3[102] 所示。

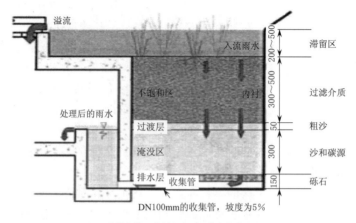

（a）有排水管、内衬和淹没区的生物滞留池

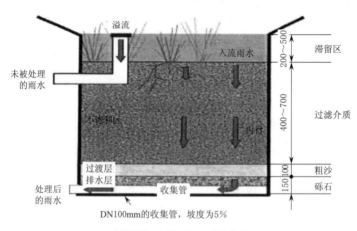

（b）有排水管、内衬无淹没区的生物滞留池

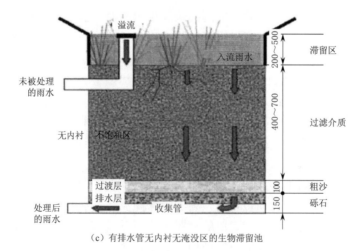

（c）有排水管无内衬无淹没区的生物滞留池

图 1.3（一）　不同类型生物滞留池系统的配置（单位：mm）

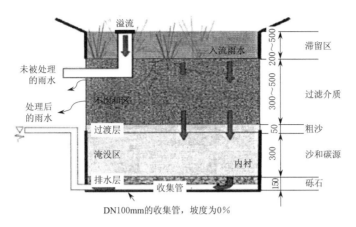

（d）有排水管无内衬有淹没区的生物滞留池

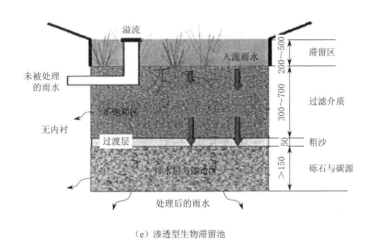

（e）渗透型生物滞留池

图 1.3（二） 不同类型生物滞留池系统的配置（单位：mm）

#### 1.3.2.2 去污机理与影响因素

1. 污染物净化机理

生物滞留池模仿自然生态环境对污染物的降解过程，以实现截流并净化雨水径流的功能，主要靠植被、吸附介质、微生物等通过物理、化学、生物共同作用去除径流雨水中的污染物，去除机理主要包括：过滤、沉淀、蒸腾、吸附、离子交换和微生物作用。生物滞留池径流雨水中污染物的去除分为两个阶段：①降雨期，随降雨径流进入滞留池的粒径较大的物质因为物理和化学作用起到吸附作用，磷和重金属会被部分吸收，并随之蓄积在蓄水层，随着下渗的进行，植物吸收、土壤和基质吸附等协同作用去除溶解性污染物和固体颗粒，从而达到水质净化的目的；②非降雨期，利用植物根系和基质的共同作用吸收和截留水体中的营养物质。

主要污染物的净化机理如下：

（1）氮的去除。氮是所有生物必需的营养物质，包括 $NH_3 - N$、$NO_3 - N$ 和有机氮。有机氮可通过矿化作用转化为 $NH_3 - N$，在冬季无植被条件下，$NH_3 - N$ 的去除主要靠表层介质和土壤负电荷的物理吸附作用，而在春、夏季，植物生长茂盛，植物生长和基质中微生物的同化、硝化成为去氮的主要动力。生物滞留池浅层的氧气主要来源于大气和植物根系，保障了氨化和硝化细菌进行氨化和硝化作用所需的有氧环境。$NO_3-N$ 的去除通常为微生物的同化固定以及反硝化作用变为氮气排出[103]。

（2）磷的去除。降雨径流中磷主要是以颗粒形式存在（70%是颗粒态，30%是溶解态），所以磷的去除效果和总悬浮固体（TSS）相关。颗粒态磷在长期运行后会出现大量积累，在厌氧状态下可能重新释放出来。磷的去除绝大部分依靠滞留池基质的物理吸附、离子交换和沉淀等作用，另外，部分溶解态磷可通过植物同化作用吸收而去除。带负电的磷酸盐受基质表面所带正电荷的吸引而被吸附，同时可溶性磷酸盐易于和基质中的金属氧化物、氢氧化物、黏土矿物以及 $Ca^{2+}$、$Al^{3+}$、$Fe^{3+}$ 等金属离子发生吸附和沉淀作用而被固定下来。总而言之，磷的去除是物理、化学、生物综合作用的结果，一方面依靠滞留池吸附材料的物理截留、吸附及化学沉淀作用；另一方面依靠植物、土壤、微生物构成的生态系统的生物吸磷作用[104]。

（3）总悬浮固体（TSS）的去除。总悬浮固体（TSS）的去除主要靠浅层基质的截留和吸附作用，来流在过滤材料中的渗透速率和是否设置淹没区对削减 TSS 起关键作用。适宜的渗透速率能够避免对过滤材料的冲刷，为 TSS 的去除提供保障；而淹没区的设置可以有效控制颗粒物蓄积高度，使其不易超过出水管，从而保证了稳定良好的削减效果。大量研究表明，滞留池对 TSS 的去除率超过90%。

（4）重金属的去除。重金属的去除主要是依靠过滤介质的截留和吸附作用。重金属分为颗粒态和溶解态两种形式，颗粒态重金属能被介质有效截留，溶解态却很难被截留和积累。设置淹没区和添加碳源对重金属的去除率影响较大。颗粒态重金属多被滞留池表层基质过滤削减，且多积聚在基质上层厚度20%范围内，因此，滞留池长时间运作会导致上层板结，试验表明，上层深度为2～5cm 的基质的使用寿命为两年，需及时更新避免重金属引起的板结问题[105-106]。

（5）难降解有机物的去除。难降解有机物的去除是植被吸收、挥发作用、过滤介质吸附和微生物降解等方式共同作用的结果，通常去除率在85%以上[107]。介质吸附是难降解有机物去除的主要方式，主要发生在装填吸附材料的上部。由于介质对有机物的吸附为可逆吸附，因此降雨间隔期有利于恢复介质的吸附容量，这是因为在降雨间隔期间，介质吸附的难降解有机物被植被和土壤中微生物降解，释放了介质的吸附容量，有利于介质在下个降雨期再次发挥作用[108]。LeFevre 的同位素实验研究结果表明，生物滞留池中的有机物去除其主要作用的是介质的吸附作用，去除率占总量的56%～73%；微生物降解次之，在12%～18%之间；滞留池植被吸收为2%～23%；而挥发散失最少，仅不到1%[109]。

**2. 污染物去除影响因素**

生物滞留池对污染物净化过程主要包括过滤、沉淀、蒸腾、吸附、离子交换和微生物作用，运行过程中污染物去除效果受诸多因素影响：

（1）基质。基质是生物滞留池的重要组成部分，对径流中污染物的净化，特别是氮磷污染物有重要的作用[107]。一方面，基质为植物和微生物生长提供良好的载体；另一方面，其本身的吸附和离子交换性能对污染物的去除有重要影响，特别是磷的去除。

研究者在基质性能方面开展了大量研究，主要包含基质初始营养物含量水平、吸附能力、基质改性、氧化还原电位等。Davis 等[110]在 2001 年发表了第一篇生物滞留池净化水质的研究报告，发现在土壤中添加切碎的硬木树皮为基质，可有效提高 $NO_3 - N$ 和 TN 的去除效率。朋四海等[111]在黏性黄土中添加建筑黄沙和木屑为基质，模拟试验结果表明滞留池对 TP 和 $NH_3 - N$ 有较好的去除效果。Sengupta 等[112]发现在砂土中添加牡蛎壳和硫磺，能够调节基质 pH 值，改善微生物生境，有利于稳定并提高氮磷去除效果。刘靖文[101]试验表明，在一定范围内，生物滞留池淹没区高度与 TN 的去除率增加正相关，当碳源为废报纸时，TN 去除率可提高 $10\% \sim 30\%$。Benyoucef 等[113]研究发现锯末对磷的去除以化学吸附为主，用尿素改性能显著增大内部孔隙率，更有利于对磷的吸附。Krishnan 等[114]发现用天然椰壳和铁浸渍改性椰壳去除磷的机制是发生了配体交换反应。刘宇[115]的研究发现，改性碳化秸秆吸附磷酸根符合朗格缪尔（Langmuir）吸附等温式，其吸附类型为快速吸附，过程与准一级动力学方程相符。白建华等[116]的研究结果表明朗格缪尔吸附等温线和弗伦德里希（Freundlich）吸附等温线都能很好地描述改性高粱秸秆对磷酸根的吸附，其吸附以单分子层吸附为主。

现有的滞留池研究多以应用于城市暴雨径流污染物削减和水资源循环利用为目的，综合考虑了植物、基质、微生物等生态系统对氮磷的削减效果，针对我国农村地区，因地制宜地选取材料作为滞留池过滤基质的研究相对较少。

（2）温度。温度是影响微生物活性和植物生长的重要因素，进而对生物滞留塘系统去除污染物效果产生重要影响。系统对 TSS、磷以及颗粒态的氮的去除基本不受温度的影响，但是对溶解态氮影响很大，而一般雨水径流中氮元素是以溶解态为主的，这就是低温条件下氮去除效果很差的原因[117]。如果要在寒冷季节里实现氮的有效去除，一般有两个方法：①使用氮吸附能力强的基质；②在生物滞留塘系统中采用耐低温植被，保留低温条件下的同化和矿化作用对氮的去除。

（3）淹没区。在生物滞留池系统中，设置淹没区的主要目的是为反硝化细菌提供厌氧环境，从而提高 $NO_3 - N$ 的去除能力，削减氮元素进入受纳水体，同时，淹没区砂砾石间储存的雨水可在干旱期为植物生长提供水源，也有助于植物对氮的吸收降解。

（4）碳源。添加碳源的目的是为反硝化菌发生反硝化反应去除 $NO_3 - N$ 提供电子供体。碳源作为基质的组成材料之一，研究较多的是树皮、木屑、报纸、秸秆、堆肥、牡蛎壳等。在实际使用过程中，要考虑适宜的用量，若过量添加可能会有氮和有机物析出，而且会抑制磷的去除效果。

（5）干湿交替频率。生物滞留池的去除性能会受干旱时间、干湿交替频率所影响。Hatt 等[118]针对干湿交替的研究结果表明，干旱期恢复后基质的渗透系数会增大，特别是过干时，滞留池基质形成的裂隙会降低吸附材料与雨水径流的接触时间和面积，从而大大影响滞留池的处理效果。由于污染物形态和吸附性质的原因，干湿交替对总悬浮物质、磷和重金属去除影响较小，但在长期干旱、重新启动后对氮的去除效率大大减弱，甚至前期已吸附氮会解吸重新进入来水，造成出水氮浓度升高。这主要是由于干旱时间过长导致微生物死亡氮的释放造成的。同时，长期干旱带来的生物滞留池中裂缝与间隙，致使基质中氧含量升高，有利于有机氮和 $NH_3 - N$ 转化为 $NO_3 - N$，但好氧环境不利于反硝化细菌通过反硝化作用去除 $NO_3 - N$，同样可能造成系统中 $NO_3 - N$ 含量的升高。

（6）植物。植物是生物滞留池系统的重要组成部分之一。研究证实[119]，相比较于不种植植物的系统，种植植物的滞留池系统对氮磷及有机物等污染物的去除效果更加稳定高效，特别是氮的去除，能提高去除效率 13% 以上。这主要是由于植物根系具备强大的输氧能力，能够将氧气输送到根系，同时为微生物生长提供生长基质，这对氮的去除具有重要意义。无植被的滞留池系统在干旱季节聚集到吸附材料中的氮，可能在降雨时被冲出来，造成氮释放。在美国北卡罗来纳州格雷厄姆的监测结果[120]证实：生物滞留设施中种植草和乔灌草＋覆盖物对污染物的去除效果相差不大。选取植被时应充分考虑当地优势种，尽量选取输氧能力强、易取得、根系发达、耐旱耐涝的植物，同时，植物搭配和收割也是在植物选取时需考虑的因素。

### 1.3.2.3　研究与应用现状

由于生物滞留池兼具污染物去除、景观和水资源高效利用的优点，而且占地面积小、设计灵活、运行维护简单，自问世以来，已经成为当前最常用的低影响开发技术，广泛应用于美国、澳大利亚、加拿大、瑞典等国家[118,121-123]。生物滞留技术研究在国外开展较早，美国马里兰大学的 Davis、Heish 和北卡罗来纳大学的 Hunt 等为技术体系发展奠定了基础，研究的主要内容包括实验选址、实验分析、水文调控和模型模拟等。迄今为止，生物滞留池已发展成为多学科交叉、具备完备理论体系的技术。

已有研究表明，生物滞留设施对 TSS、COD、TN、TP 等污染物和铜、铅、锌、镉等重金属均具有较高的去除率，对有机氯农药、多环芳烃、大肠杆菌、油脂等去除有良好的开发远景[110,124-128]。生物滞留设施对降雨径流中污染物去除效果显著，同时，还可以有效削减径流总量和峰值流量，缓解因径流温度升高而引起的热污染。Hatt 等[118]现场监测研究表明，生物滞留设施在削减径流总量和控制峰值流量方面效果明显。Michael 等[129]的草沟试验表明来水峰值可被生态沟渠推迟 $0.25 \sim 1h$。William 等[130]的研究表明，夏季经过城市沥青路面的雨水径流温升最高可达 10℃ 左右；Jones 等[131]基于实地监测的研究结果表明，生物滞留池对径流温升带来的热污染能够起到明显的减缓作用[132]。

国内对于生物滞留技术的研究大多还处在实验阶段，缺乏长期的实地观测。大量研究者通过开展生物滞留池模拟试验和现场试验，探讨该设施对降雨径流中污染物的削减作用，以及对水量的调节作用，研究结果表明：当介质中营养土含量为 $5\% \sim 10\%$ 时，模拟设施对径流中的化学需氧量、悬浮物固体和氮磷等污染物具有显著的削减效果[133]，对铜、铅、镉、锌等重金属的去除率均能够达到 90%[134]，能够有效削减降雨过程的峰值流量和延长峰值时间，分别能削减 70% 以上和延长 27min，而且对降雨事件的峰值流量的削减和峰值的延长效果较好，且峰值流量越小延迟时间越长[135]。有研究者开展了植物调节城市径流热污染作用的相关研究[136-137]，结果表明植物可有效调节城市雨水径流热污染，并对缓解城市热污染的方法和途径提出了相关意见和建议。生物滞留池应用于绿色建筑的碳减排能力也受到了广泛关注[138]，就绿色建筑的全部使用过程讨论分析了建筑能耗，为生物滞留池的应用和研究开拓了新方法和新思路。结合以上研究成果，表明生物滞留池在我国得到了越来越多的关注，具有广阔的研究和应用前景。

### 1.3.3 生物接触氧化法研究进展

近年来，随着城镇化进程的加快和农业生产飞速发展，农村污水处理设施严重滞后，发展与水污染的矛盾日益加剧，解决农村水污染问题迫在眉睫。据《中国环境状况公报》相关数据，试点村庄 984 个地表水水质监测断面中，Ⅳ～Ⅴ类和劣Ⅴ类水质断面比例达到 45.3%，超标指标主要为 COD、$NH_3 - N$、TP。

#### 1.3.3.1 起源与发展

生物接触氧化法属于生物膜法的一种，是在生物滤池的基础上发展而来。19 世纪末，Blaring 首先提出了生物接触氧化的概念，Closs 于 1912 年在德国申请并获得了相关专利。在 20 世纪 50 年代以前，由于滤料比表面积小、滤池负荷低、占地面积大、喷洒布水成本高耗能多等问题，该方法实际应用受到限制，不作为主流的水处理技术。到 20 世纪 60 年代，伴随着塑料技术的发展，填料被制成蜂窝状或泡沫状，作为生物膜法的填料，具有重量轻、易加工成型、比表面积大等优点，在接触氧化工艺中得到了广泛应用。进入 20 世纪 70 年代，日本学者深入研究生物接触氧化法，进一步改进了接触填料，促进该工艺的工程应用。目前，生物接触氧化法广泛应用于污水、给水净化处理及河道生态修复中。

#### 1.3.3.2 去污机理与影响因素

生物接触氧化法是将活性污泥法和生物滤池技术有机结合的一种高效的生物处理技术，兼具两者的优点。生物接触氧化池由池体、填料、布水系统以及曝气系统等组成。

**1. 污染物去除机理**

生物接触氧化法是由生物滤池和接触曝气氧化演变而来的。所谓生物接触氧化法就是在池内充填一定密度的填料，从池下通过空气进行曝气，污水浸没全部填料并与填料上的生物膜广泛接触，在微生物新陈代谢功能的作用下，达到净化污水的目的。遵循微生物生长周期的规律，衰亡期时生物膜净化效果不好，此时在废水和气体的冲击作用下，填料上的生物膜迅速脱落，并随水流排出反应器，同时及时补充更新生物膜，从而使得系统在整个运行过程中，能稳定、高效地实现水体中的污染物的去除。

**2. 影响污染物去除效果的因素**

生物接触氧化法是生物膜法的一种，其对污染物去除效果的影响因素主要为生物膜的生物数量和活性，因此，影响生物接触氧化法处理受污染水体的效果的因素主要包括水温、pH 值、DO、填料性质，以及运行过程重要的控制性参数气水比、有机物负荷、水力负荷。

（1）水温。水温是对生物膜处理系统稳定性起重要作用的影响因素，主要在两个方面影响生物反应：一方面是影响酶催化反应的速率；另一方面是影响基质扩散到细胞内的速率。硝化反应过程中，硝酸菌的适宜生长温度为 35～42℃，亚硝酸菌为 35℃。温度既影响硝化菌发生硝化反应的效果，同时会影响硝化反应发生的速率[139]。一般来讲，硝化反应的适宜温度范围为 15～35℃，当温度低于 10℃时，硝化作用会受到明显抑制。温度对除磷的影响与对脱氮的影响相比，不太显著，但温度的降低会改变聚磷菌的放磷和吸磷的速率[140]。

（2）pH 值。pH 值对微生物生长具有重要意义。就大部分的细菌而言，最佳 pH 值范围为 4～7。pH 值过高或过低，不仅限制微生物细胞表面的渗透功能，而且抑制细胞内部的酶反应。生物接触氧化法对 pH 具有较好的适应能力，据 Villaverde 等[141]研究结果，生物接触氧化法微生物生长适宜的 pH 值范围为 5～9，当 pH 值为 8.2 时，微生物生长状况最好，将会获取最大值生物膜量。在污水处理实际操作过程中，若 pH 值不在 5～9 的范围，应首先考虑调整 pH 值。

（3）溶解氧（DO）。生物接触氧化法采用曝气装置向反应器的水体曝气，主要有 3 个方面的作用：①为微生物的氧化、合成内源呼吸提供氧气；②搅拌产生最大化的水流紊动，提高生物膜、污染物和氧气三者之间的传质效果；③推动生物膜更新，提升生物活性，防范填料阻塞，提升处理效果。因此为了提高生物接触氧化反应器去除污染物的能力，须保证系统内的 DO 浓度维持在细菌代谢所需的最低浓度水平以上。大量研究证明，硝化反应去除 $NH_3 - N$ 随着 DO 浓度的升高而显著升高，在 DO 浓度为 7mg/L 时趋于稳定水平。系统 DO 浓度低于 0.5mg/L 时硝化反应基本停止进行。

（4）填料性质。填料是生物接触氧化法的重要设计参数之一。填料的性能、数量、布设方式等方面，既直接影响接触氧化法处理污水的效果，又关系到工程建设的经济成本。一般来讲，填料的填充率在滤池有效容积的 30%～70%之间。填料不足会影响污染物去除效果，填料太多不仅会增加建设成本，且会妨碍氧的传递速率。常见生物接触氧化法填料的物理化学特性见表 1.4[102]。

表 1.4　　　　常见生物接触氧化法填料的物理化学特性

| 比 较 项 目 | 蜂窝填料 | 软性填料 | 半软性材料 | 组合填料 | 弹性填料 | 悬浮式填料 |
|---|---|---|---|---|---|---|
| 厂供比表面积/（m²/m³） | 150～200 | 500～700 | 150～200 | 200～300 | 200～300 | 150～250 |
| 使用比表面积/（m²/m³） | 堵塞后小 | 结团后小 | 略小 | 略小 | 略大 | 略大 |
| 提高充氧率/% | -5 | -10 | 30～40 | 25～35 | 70～100 | 1～30 |
| 布水布气性能 | 差 | 差 | 一般 | 较好 | 好 | 较好 |
| 挂膜性能 | 一般 | 好 | 一般 | 一般 | 好 | 一般 |
| 拖膜性能 | 差 | 差 | 一般 | 一般 | 好 | 一般 |
| 堵塞情况 | 较严重 | 无 | 无 | 一般 | 无 | 无 |
| 结团及断丝 | 无 | 较严重 | 一般 | 无 | 无 | 无 |
| 使用寿命/年 | 4～6 | 1～2 | 5～8 | 5～8 | 7～10 | 5～8 |
| 装填的更换 | 不便 | 不便 | 不便 | 不便 | 不便 | 方便 |
| 支座 | 方便 | 方便 | 方便 | 方便 | 方便 | 不便 |
| 运输 | 不便 | 方便 | 方便 | 方便 | 方便 | 不便 |
| 价格/（元/m³） | 约 700 | 约 100 | 约 220 | 约 200 | 约 250 | 约 1000 |

（5）气水比。气水比是生物接触氧化技术应用设计当中的关键，对处理效果的好坏和工程投资、运行费用大小起决定作用。气水比须维持在一个合理的范围，过高或过低，对系统都有不利影响。气水比超过一定阈值时，长时间高强度的曝气会引起水流紊乱，产生较大的剪切力作用在生物膜上，导致生物膜脱落程度较严重；不仅如此，还会浪费能源，增加系统运行成本。气水比过低时，系统中 DO 含量以及传质动力不足，将对好氧生物群落的新陈代谢活性带来不利影响，从而直接导致系统出水水质不达标；同时，由于曝气程度不足，引起的好氧微生物群体死亡和厌氧微生物大量滋生，都会产生代谢气体（如 $H_2S$、$NH_3$ 等），致使在生物膜上出现较多空隙，生物膜附着力明显减弱，严重情况下甚至致使生物膜大面积脱落，最终导致处理水质恶化。生物反应器脱氮除磷是一个连续的复杂反应机制[142]。气水比增大，反应器内部 DO 浓度升高，一方面促进了有机物氧化和聚磷菌吸磷，且曝气吹脱对 $NH_3-N$ 去除起一定积极作用，提高了 $NH_3-N$ 去除效率；另一方面抑制了反硝化菌的活性，不利于 $NO_3-N$ 的反硝化反应，会影响了 $NO_3-N$ 去除效率[143]。一般认为，生物接触氧化系统在间歇曝气运行过程中，气水比在 5∶1～10∶1 范围为佳。

（6）进水污染物容积负荷。进水污染物容积负荷是影响接触氧化工艺设计和运行的重要参数之一，生物处理过程中，它综合反映进水中有机物浓度以及水力停留时间。一般来讲，进水负荷和污染物处理效果、经济效益会有一个最佳平衡点。当容积负荷在一定范围内升高时，污水中有机物浓度相对较高，优势异养菌新陈代谢作用旺盛，从而促进污染物生物降解[144]。张雅等[145]以山东省小沙河污染河道为处理对象的小试研究具有类似的结果。当 $COD_{Cr}$ 容积负荷增大至一定范围时，可能会改变反应器中的优势菌种为异养菌，从而抑制硝化反应，最终影响 $NH_3-N$ 的去除效果[146]。

（7）水力负荷。水力负荷是单位体积滤料日处理的废水量，是沉淀池、生物滤池等设计和运行的重要参数。大量研究表明，就不同大小的处理系统而言，水力负荷在一定范围内升高时，对生物接触氧化系统 $COD_{Cr}$ 和 $NH_3-N$ 的性能影响不大。随着水力负荷进一步升高，$COD_{Cr}$ 和 $NH_3-N$ 的去除率明显降低。这也说明了生物接触氧化法具有较好的抗水力负荷冲击能力。

### 1.3.3.3 强化氮磷去除的方法

在生物接触氧化法应用的过程中，为了强化脱氮除磷效果，研究者们进行了多种有益的尝试，反应器分区、分段进水、间歇曝气以及与其他工艺组合协同处理是较为常用的方式。

（1）反应器分区。反应器分区的实质是将生物接触氧化法滤池中的完全混合方式变为完全混合式与推流式相结合的运行模式。将反应器分区之后，有机物大多数在前段得以去除，为后段创造了有利条件，形成了有机物浓度低、氨氮浓度高的环境，改善了溶解氧和氨氮在处于增殖劣势的硝化细菌利用上的现状，由此提高了其活性。李先宁等[147]研究认为，分区式生物接触氧化反应器与单区式相比，硝化率可提高 33％，容积负荷对分区式生物接触氧化反应器的硝化性能影响较大。张淼等[148]研究了三段式硝化式生物接触氧化反应器的运行效果和脱氮特性，认为反应器分区使生物接触氧化法抗冲击能力变强，可在较低温条件实现对高 $NH_3-N$ 废水的稳定削减效果。三段的微生物菌群分布确实存在差异，与第 1 段相比，后 2 段的氨氧化和亚硝酸盐氧化菌更容易成为优势菌。因此这种三段式的串联运行方式，可实现硝化菌的筛选和富集，并且推流过程环境的变化会导致微生物空间分布的差异。

（2）分段进水。采用分段进水方式强化脱氮具有所需池容小、脱氮效率高、无须回流、抗水力冲击负荷强的优点。李璐等[149]以分段进水生物接触氧化法对滇池流域大清河重污染河道污水开展了分流处理的试验研究，在冬季和春季枯水期、夏季丰水期 3 个时期的研究结果表明：分段进水生物接触氧化法能够很好的适应水质的较大变化，通过调整不同水期的运行参数，可以使 COD 及 TP 的去除率分别稳定在 50% 和 40% 左右，但 TN 的去除效果不稳定，受水温及 DO 等的影响很大。张辉等[150]在滇池受污染最严重的大清河开展河道水体的旁路处理示范研究，利用分段进水生物接触氧化工艺，研究结果表明 1∶1∶1 的分段进水比有利于去除 COD 和 $NH_3-N$。

（3）间歇曝气。间歇曝气方式能够有效地控制整个处理工艺的曝气运行时间，从而起到提高充氧效率，降低能耗的作用；通过好氧-厌氧过程的交替运行，能很好地营造好氧/缺氧环境，有利于微生物的硝化作用和反硝化作用，以及在好氧条件下聚磷菌吸收磷，在厌氧条件下释放磷的过程，对水体中氮磷的去除有很好的促进作用。由于以上原因，间歇曝气过程广泛应用于实际生产过程。胡鹏[31]就生物膜法开展了连续曝气和不同时间间隔间歇曝气的曝气方式优化试验，结果表明曝气 2h 停曝 2h 的间歇曝气方式为最佳，此方式时既能保证有机物及氮磷的去除效果，又具备节能方面的优势。

（4）组合工艺。针对某些低碳高氮磷的受污染水体，为了提高氮磷去除效果，生物接触氧化法与其他工艺的组合工艺也得到了研究，并取得了较好的效果。潘碌亭等[151]在上海崇明某农村，运用接触氧化-强化混凝组合工艺处理分散式生活污水的技术，结果表明，处理后出水 $COD_{Cr}$、$NH_3-N$、TN、TP 分别控制在 50mg/L、5mg/L、20mg/L、0.5mg/L 以内，达到城镇污水厂出水一级标准的要求。

#### 1.3.3.4　应用于河道水体修复研究现状

生物接触氧化法是一种成熟的好氧生物处理工艺，原理是利用附着于生物填料上的生物膜的新陈代谢作用，消耗水体中的有机物和营养元素，实现对水体的净化。生物接触氧化技术的研究和应用起始于 20 世纪初，广泛用于工业污水及高负荷生活污水处理[152-154]，以及给水水源处理[30,155-157]。近年来，由于运行成本低、抗冲击负荷、出水水质好等优势，该技术也逐渐应用于河道受污染水体净化。生物接触氧化法运用于河道受污染水体净化过程中，研究人员在快速启动和挂膜特性[148,158-159]、填料优选及污染物去除效果[151,160-161]、分段进水方式强化氮磷去除[145,147-149]、温度对工艺运行的影响[162-163]等方面开展了大量小试试验，明确了该技术应用于河道水体净化的可行性，研究了该技术的影响因素及污染物去除特性，并进一步在丁山河、大清河和梁滩河等地[150,164-165]开展了技术示范。从文献调研结果看，该技术应用于受损河道水体净化效果显著，但存在缺乏系统的运行控制参数，技术示范处理效果显著低于小试试验的问题。

## 1.4　研究目标与内容

### 1.4.1　研究目标

居民点生活废污水无组织排放、坡耕地等降雨径流已成为面源污染的主要来源，进行小流域面源污染控制对保障流域水质安全具有重要意义。针对以上问题，本书基于人工模拟降雨试验，针对施肥方案和降雨强度双因子对 N、P 径流流失的组合影响展开试验研究，分析不同条件下农田径流中溶解氮和总磷的变化趋势，建立径流中不同形态 N、P 的流失量与降雨强度、施肥量和径流量等多因子之间的关系；同时建立了适用于农村地表径流氮磷吸附材料选择的指标体系，研发了适用于我国农村污水处理的绿色营养盐吸附材料，并将其作为生物滞留池基质实际应用于小流域降雨径流氮磷削减。在开展生物滞留池和生物接触氧化法模拟试验研究的基础上，将两者有机结合，尝试解决小流域面源污染的实际问题。

### 1.4.2 研究内容

1. 农业面源污染过程机理研究

（1）获得农田地表径流与壤中流 N、P 养分流失动态曲线，分析产流过程中不同形态 N（AN、NN 和 DN）、P（TPP、TDP 和 TP）所占比重及变化趋势。

（2）针对外界因素（降雨强度、施肥量、径流量）与 N、P 流失量之间进行相关分析并建立回归模型，模拟径流量与 N、P 流失量之间的影响关系，综合分析多因子影响因素对农田 N、P 流失变化规律的影响机理。

2. 农业面源污染控制研究

（1）绿色氮磷吸附基质研发。综合材料氮磷吸附性能、经济效益、环境效益等因素，筛选适宜的氮磷吸附材料，并通过等温吸附试验、摇床试验和过滤柱试验，研发用作生物滞留池基质的绿色营养盐吸附材料，研究新基质的材料特性和去污能力，估算达到饱和吸附量的时间，并探讨滞留池运行初期微生物在污染物去除中发挥的作用，为基质应用于生物滞留池提供技术参数。

（2）生物滞留池基质污染物析出特性和去污能力研究。选用千屈菜、菖蒲、黄花鸢尾等植物，以研发的基质作为过滤材料，构建生物滞留池小试模拟装置，研究生物滞留池试运行期基质本底对污染物去除效果的影响，并探讨滞留池稳定运行阶段对 $NH_3-N$、$NO_3-N$、TN、TP、COD 等污染物的削减效果。

（3）生物接触氧化法运行参数优化研究。根据文献调研，近年来生物接触氧化法广泛应用于污染水体净化，但缺乏系统的运行控制参数，并存在技术示范及应用处理效果显著低于小试试验的问题。针对以上问题，在对传统生物接触氧化法的研究基础上，构建 4 套处理规模为 $20 m^3/d$ 的生物接触氧化中试模拟试验装置，系统开展气水比、$COD_{Cr}$ 容积负荷、水力负荷等运行控制参数优化研究，讨论不同填料对 $COD_{Cr}$、$NH_3-N$、TN、TP 等污染物的去除效果。

# 第2章　外界因素对农业面源污染过程的影响

农业面源污染形成过程中的两大主体分别为径流和土壤，降雨所产生的径流是污染物输出的载体，累积在土壤中的养分是污染物扩散的来源。目前关于农田土壤氮素流失的影响因素的研究有很多，其结果表明降雨条件与施肥条件占主导地位，它们主要通过影响坡面产流产沙与土壤养分累计来影响氮磷元素随径流的流失[52,63,166-170]。农业作物管理中磷肥的施用大多集中在耕作面上，磷元素多以颗粒态存在于土壤中，易被土壤颗粒固定，导致其在土壤中迁移困难，农田磷素主要通过地表径流伴随泥沙的流失运移到受纳水体中[171-173]；同时也有部分研究表明，农田磷素淋溶流失量不容忽视[174-175]。例如李丹[70]所做的不同化肥用量及降雨强度下磷素流失特征研究试验结果表明，磷素的流失与降雨强度呈正相关关系，即当雨强增大时地表径流和土壤渗透水中磷素的输出浓度也增高。本书选择降雨强度与施肥方案作为变量，研究和分析氮磷在不同雨强和施肥下随地表径流与壤中流的迁移规律，分析外界因素对不同形态氮、磷流失过程的具体影响对了解和控制面源污染具有重要价值。

## 2.1　试验条件与方法

### 2.1.1　试验装置

本次试验所用地表径流与壤中流监测装置包括土槽箱与集水导流槽，如图 2.1 所示。土槽箱为矩形箱，规格外尺寸 840mm×620mm×450mm，内尺寸 820mm×600mm×430mm，四边等高，土槽箱底部均匀开孔，防止底部积水，并用可渗透的纱布覆盖，模拟土壤水分的自然渗透以确保土壤的渗透性接近自然条件，土槽箱一面围板设条形出水口。集水导流槽通过土槽箱的条形出水口插入土壤中进行拼接安装，集水导流槽横截面呈五边形，其一端设有出水口，导流槽的长度大于溢流板的长度，以使土槽箱在试验过程中的地表径流与壤中流的泥沙和水能全部通过集水槽的集水口被收集容器收集；导流槽出水口可以直接进行径流收集，在试验降雨面积较大时，可外接管道进行径流采集，避免了直接降水混入导流槽导致的试验误差。导流槽出水口外接管道进行径流采集，避免了直接降水混入导流槽导致的试验误差。地表径流与壤中流监测装置的结构示意图如图 2.1 所示。

在河北邯郸郊区农田采取土样，该农田之前 10 年一直作为菜地使用，土壤类型为潮褐土，采集的土样带回实验室之后混合均匀，确保本次试验采用的 9 个试验土槽箱的土壤条件为同一类型，供试土壤基本理化性质见表 2.1。土壤样品经过自然风干，过筛，按照野外田间土壤容重将土壤分层，尽量保持原土壤层次状态，将土壤样品放在槽中，槽的边缘应压实。土槽箱中土壤高度 35cm，同时将试验土壤槽的坡度设为 5°，已有研究表明这是产生稳定径流的最低坡度[86]。径流收集口设在土壤表层和 30cm 深处，分别收集地表径流和壤中流水样。土壤装填完成后进行小雨强降雨以使得土壤充分湿润，将试验土壤槽中的土壤放置 15d，然后用环刀法测定土壤容重，待土壤容重与农田土壤容重接近时方可开始降雨试验。在正式降雨前，对降雨设计强度进行校

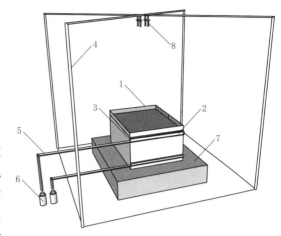

图 2.1　地表径流与壤中流监测装置的结构示意图

1—土槽箱；2—集水导流槽；3—出水口；4—降雨设施支架；5—出水口外接管道；6—采样瓶；7—硬化基座；8—降雨喷头

正，在降雨设备的有效降雨范围内，均匀放置 5 个雨量筒，降雨历时 30min，观测定各点降雨量，用均匀度作为降雨强度校正指标。

**表 2.1**　　　　　　　　　　　　　供试土壤基本理化性质

| 土壤理化性质 | 检测结果 | 土壤理化性质 | 检测结果 |
|---|---|---|---|
| 土壤容重/(g/cm³) | 1.25 | 全磷/(g/kg) | 0.82 |
| pH 值 | 8 | 速效磷/(mg/kg) | 13.1 |
| 有机质/(g/kg) | 13.4 | 全钾/(g/kg) | 21.5 |
| 全氮/(g/kg) | 0.88 | 速效钾/(mg/kg) | 148.3 |
| 碱解氮/(mg/kg) | 67.5 | | |

### 2.1.2　降雨强度与施肥方案

在土槽箱内以适当株间距（行间距 15cm、列间距 10cm）种植小油菜将 9 个试验土槽随机分成 3 组，每组分 1 个空白对照（Control check，CK）、1 个常规施肥处理（Conventional fertilization，CF）与 1 个优化施肥处理（Optimized fertilization，OF）处理，具体施肥方案见表 2.2。常规施肥为实地调查周边农民施肥习惯确定，最终设置单位面积 N 与 $P_2O_5$ 的施肥量分别为 135kg/hm² 与 105kg/hm²；优化施肥 N、$P_2O_5$ 与沸石单位面积施用量设置为 82.5kg/hm²、67.5kg/hm² 与 3000kg/hm²。定植两周后进行模拟降雨试验。查阅研究区域往年降雨记录，设置本次试验降雨强度梯度为 54mm/h、75mm/h 与 99mm/h，降雨强度值均为降雨装置实际雨强，分别对应 3 组土槽，降雨时间均设置为 60min。

表 2.2　　　　　　　　　　　　试验土槽的施肥方案和降雨强度

| 箱号 | 处理类型 | N/(kg/hm²) | P₂O₅/(kg/hm²) | 沸石/(kg/hm²) | 降雨强度/(mm/h) |
|------|---------|------------|----------------|---------------|-----------------|
| 1 | CK | 0 | 0 | 0 | 54 |
| 2 | CK | 0 | 0 | 0 | 75 |
| 3 | CK | 0 | 0 | 0 | 99 |
| 4 | CF | 135 | 105 | 0 | 54 |
| 5 | CF | 135 | 105 | 0 | 75 |
| 6 | CF | 135 | 105 | 0 | 99 |
| 7 | OF | 82.5 | 67.5 | 3000 | 54 |
| 8 | OF | 82.5 | 67.5 | 3000 | 75 |
| 9 | OF | 82.5 | 67.5 | 3000 | 99 |

### 2.1.3　样品采集与分析

2019 年 8 月在智能温室中进行降雨试验，对 9 个土槽箱在模拟降雨条件下产生的地表径流与壤中流进行了监测。当地表径流与壤中流产流发生时记录时间，在产流后 0～15min 以内每 3min 收集一次水样，之后每 5min 收集一次水样，直到产流结束。采样过程中要记录每个样品的采样耗时和水样体积，同时定时在降雨过程中收集雨水作为对照。径流的采集使用 300mL 的水样瓶，采集完成后密闭并避光存储。将当天采集的样本进行整理，新鲜的水样与植株样本立刻被带回试验室，并在 4℃下保存。地表径流与壤中流水样在 72h 内进行氮磷含量测定，每份样品测定 3 次并取平均值，以此降低偶然误差。试验过程中共采集地表径流水样 125 个，壤中流水样 89 个，小油菜 136 株。

径流水样氨态氮通过酚盐分光光度法进行测定（GB/T 8538—1995），硝态氮的测定采用紫外分光光度法（GB/T 8538—1995），在本次试验中将水样中氨态氮浓度与硝态氮浓度之和视为该溶液的可溶性氮浓度。水质中总磷的检测采用钼酸铵分光光度法（GB 11893—89）。实验室所测样品的浓度减去降雨试验所用雨水水源中养分浓度即为径流中相应养分浓度。

采集回的小油菜植株样品测定项目包括鲜重与干重。将小油菜根部泥土清理干净进行测定鲜重。将洗净后的小油菜按箱号为编号置于烘干箱中，设定温度 105℃，时间 48h。第一次烘干结束之后立刻测定并记录植株质量，然后在相同温度下再次烘干 24h，待质量不再降低时，即得出植株干重。

在降雨试验进行 48h 之后，在土槽箱采用五点取样法竖直取土柱，每 10cm 取一次样，装入密封袋保存。然后带回试验室，在 105℃的烘箱内将土样烘 6～8h 至恒重，然后测定每个土槽箱 0～10cm、10～20cm 和 20～30cm 的土壤含水率。

### 2.1.4　数据处理与分析

人工降雨试验过程中土槽箱内地表径流和壤中流中不同形态氮磷元素损失量 $L$（mg）采用积分法计算：

$$L = 6 \times 10^4 \sum_{i=1}^{n} Q_i t_i c_i \tag{2.1}$$

式中：$Q_i$ 为第 $i$ 个采样期的径流量，L；$c_i$ 为第 $i$ 水样中的氮浓度，mg/L；$t_i$ 为采样耗时，s。

径流养分流失与农田中氮磷含量密切相关，不同的土地类型、植被覆盖率和降雨强度都会引起流失量的变化[70]，采用养分径流流失系数 $R$ 来评价不同降雨强度和施肥方案下的菜地养分流失程度。

$$R = \frac{L - L_0}{I} \times 100\%　\tag{2.2}$$

式中：$L_0$ 为不施肥菜田氮素径流流失量，mg；$I$ 为每种处理条件下菜地的氮素投入量，mg。

采用 IBM SPSS 统计软件对地表径流与壤中流水样中的不相同形态氮磷元素含量进行统计分析，并采用 Origin 绘制多因素相关关系图。运用最小显著性差异检验（LSD，显著性水平为 $P<0.05$）评价降雨强度与施肥配比对土壤氮磷流失的影响。采用 Pearson 相关分析法和回归模型分析检验土壤养分流失累计量与所选择的影响因子之间的关系。

## 2.2 外界因素对农田氮素流失过程的影响

### 2.2.1 降雨强度对产汇流的影响

表 2.3 列出了人工模拟降雨试验过程中地表径流与壤中流初损历时与径流量数据。在降雨初期，雨水主要消耗于填洼、下渗、补充土壤缺水量，从降雨到产流存在明显的滞后性，即为初损历时。在地表径流产生的同时，一部分雨水沿土壤孔隙下渗，在一定条件下积聚在相对不透水层的上部，形成临时的饱和区，引起横向水流运动，形成壤中流。该次试验过程中不同降雨强度对地表径流的开始产流时间影响较小，而对壤中流影响较大。地表径流初损历时较短，其中 3 号箱（99mm/h）初损历时最短为 2min 10s，5 号箱初损历时最长为 3min 58s。54mm/h、75mm/h 和 99mm/h 降雨强度下地表径流平均初损历时分别为 3min 19s、3min 9s 和 2min 20s，在 3 种降雨强度下，地表径流总是能在 4min 以内开始产流。对壤中流而言，1 号箱在降雨 39min 46s 之后开始产流，初损历时最长；6 号箱在降雨 4min50s 之后即开始产生壤中流，初损历时最短。随着降雨强度的递增，壤中流初损历时逐渐缩短，54mm/h、75mm/h 和 99mm/h 降雨强度下壤中流平均初损历时分别为 37min 42s、18min 56s 和 8min 56s，壤中流初损历时受降雨强度影响显著。同时在停止降雨之后，地表径流立即停止，壤中流受调蓄作用的影响会继续进行产流一段时间但均在 5min 以内停止产流，表现出一定的滞后性。计算地表径流与壤中流的径流量可知（表 2.3），该次试验中农田产流以地表径流为主，壤中流在总径流量中所占的比例较小。其中 1 号箱地表径流占比最高，达到 99.2%；9 号箱最小为 91.9%。从表 2.3 数据中分析可知，壤中流径流量占比与降雨强度呈现正相关关系，54mm/h、75mm/h 和 99mm/h 降雨强度下壤中流占比分别为 1.1%、4.5% 和 7.8%，随着降雨强度的增大而增大。壤中流的产流过程与土壤质地密切相关，试验用土砂粒含量高，颗粒粗，比表面积小，粒间大孔隙数量多，土壤通气透水性好，土体内排水通畅，保蓄性差，不易产生托水、内涝和上层滞水，因此壤中流流量较小。

表 2.3 地表径流与壤中流初损历时与径流量

| 箱号 | 降雨强度 /(mm/h) | 初 损 历 时 | | 径 流 量/L | |
|---|---|---|---|---|---|
| | | 地表径流 | 壤中流 | 地表径流 | 壤中流 |
| 1 | 54 | 3min 27s | 39min 46s | 17.14 | 0.14 |
| 2 | 75 | 2min 40s | 25min 50s | 21.63 | 0.48 |
| 3 | 99 | 2min 10s | 12min 20s | 25.08 | 1.94 |
| 4 | 54 | 3min 20s | 38min 40s | 18.33 | 0.17 |
| 5 | 75 | 3min 58s | 13min 3s | 22.02 | 1.43 |
| 6 | 99 | 2min 30s | 4min 50s | 28.50 | 2.50 |
| 7 | 54 | 3min 10s | 33min 50s | 16.61 | 0.24 |
| 8 | 75 | 2min 48s | 16min 47N | 20.33 | 1.11 |
| 9 | 99 | 2min 20s | 8min 30s | 25.78 | 2.27 |

图 2.2 为该次模拟降雨试验地表径流与壤中流径流量分布图，地表径流与壤中流径流量随降雨强度的增大而显著增加，其中 54mm/h、75mm/h 和 99mm/h 降雨强度下地表径流平均径流量分别为 17.36L、21.33L 和 26.45L，降雨强度每增长 22mm/h 左右地表径流量增长 23.4%，增幅较为稳定；壤中径流量对降雨强度的反应更为明显，当雨强从 54mm/h 增大至 75mm/h 时径流量增加了 443%。此外，通过 Pearson 相关分析可知，无论是地表径流还是壤中流，径流量与降雨强度之间均呈现极显著正相关关系（$P < 0.01$）。

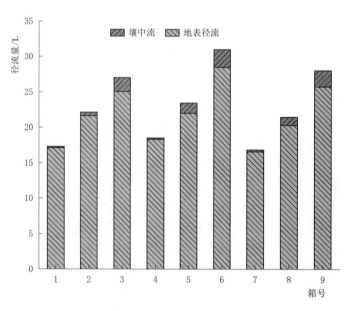

图 2.2 模拟降雨试验地表径流与壤中流径流量

## 2.2.2 降雨强度与施肥对氨态氮流失的影响

### 2.2.2.1 降雨强度对氨态氮流失的影响

图 2.3 与图 2.4 分别为地表径流与壤中流中 AN 浓度随产流时间的变化曲线。地表径

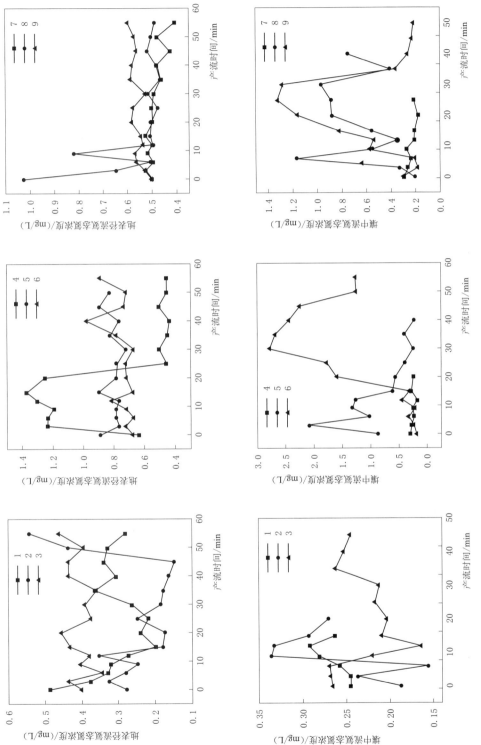

图 2.3 相同施肥方案下径流中氨态氮浓度随产流时间的变化

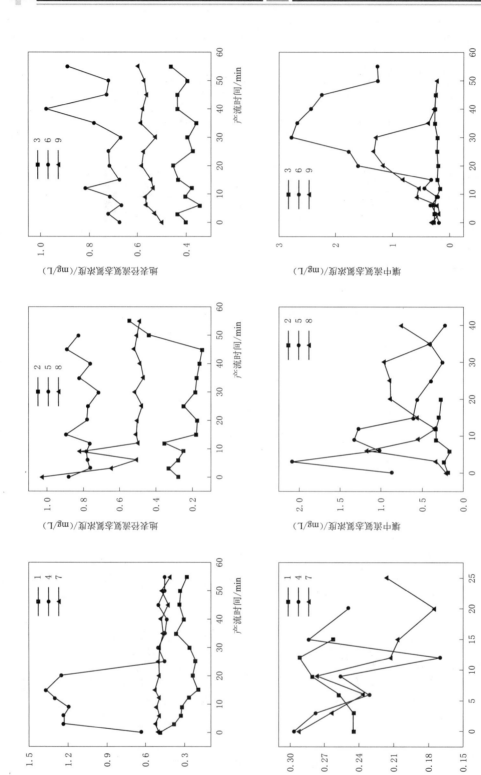

图 2.4 相同降雨强度下下径流中氨态氮浓度随产流时间的变化趋势

流中 AN 浓度整体随时间的变化不大，除 2 号箱、4 号箱与 8 号箱外，其余 6 组浓度序列变化幅度在 38.8% 以内，整体趋于平稳状态。对于地表径流而言，多个土槽箱中 AN 浓度均在产流初期达到峰值，其中 8 号箱的初始产流浓度 $C$（mg/L）最大，为 1.03mg/L；2 号箱的初始产流浓度最小，为 0.28mg/L。随着降雨历时的延续地表径流中 AN 浓度逐渐下降，然后在产流 20min 左右趋于稳定；壤中流则表现为产流初期 AN 浓度较为稳定；产流 15～30min 时，6 号、8 号和 9 号箱壤中流浓度出现较大幅度的增长。该次降雨试验中 6 号箱的 AN 总流失量最大，为 25.33mg；1 号箱最小，仅为 5.16mg。从浓度数值上来说，地表径流 AN 初始产流浓度是壤中流的 1.02～5.02 倍，明显高于壤中流。从流失量上来说，地表径流 AN 总流失量是壤中流的 5.38～326.26 倍，远高于壤中流中 AN 流失量。

根据表 2.4 地表径流 AN 流失占比数据可知，地表径流是农田 AN 流失的主要途径，其中 6 号箱地表径流流失占比最低，为 84.3%；4 号箱最高，为 99.7%。9 组试验中壤中流流失占比低于 16%。在相同施肥方案下，99mm/h 降雨强度下壤中流流失量 $L$（mg）与流失占比达到最高值，即 $L_{99mm/h} > L_{75mm/h} > L_{54mm/h}$，壤中流 AN 流失量与流失占比和降雨强度呈现正相关关系。

表 2.4　　　　　　　　　　　　地表径流与壤中流氨态氮流失量

| 箱号 | 地表径流流失量/mg | 壤中流流失量/mg | 氨态氮流失量/mg | 地表径流流失占比/% |
|---|---|---|---|---|
| 1 | 5.13 | 0.04 | 5.16 | 99.3 |
| 2 | 5.29 | 0.13 | 5.42 | 97.6 |
| 3 | 10.24 | 0.44 | 10.68 | 95.8 |
| 4 | 14.41 | 0.04 | 14.46 | 99.7 |
| 5 | 17.68 | 0.92 | 18.59 | 95.1 |
| 6 | 21.36 | 3.97 | 25.33 | 84.3 |
| 7 | 7.98 | 0.05 | 8.03 | 99.3 |
| 8 | 10.65 | 0.76 | 11.40 | 93.3 |
| 9 | 14.51 | 1.49 | 16.00 | 90.7 |

对于同一施肥方案下的 3 组不同雨强试验，当降雨强度从 54mm/h 增长到 75mm/h 时，地表径流与壤中流 AN 流失量分别增长 19.7% 和 1176%；当降雨强度从 75mm/h 增长到 99mm/h 时地表径流与壤中流 AN 流失量分别增长 50.2% 和 221%。由此可见，降雨强度对于壤中流 AN 流失的影响要显著高于地表径流。

#### 2.2.2.2 不同施肥对氨态氮流失的影响

结合图 2.4 径流中 AN 浓度随产流时间的变化和表 2.4 地表径流与壤中流 AN 流失量数据，在 54mm/h 的降雨强度下，CK 组、CF 组和 OF 组壤中流 AN 流失量分别为 0.04mg、0.04mg 与 0.05mg，3 种施肥方案下壤中流 AN 流失量接近一致；对比该雨强下地表径流 AN 流失量表现为 $L_{CF} > L_{OF} > L_{CK}$，常规施肥处理后的地表径流 AN 流失量最高。当降雨强度增长到 75mm/h 时，CF 组和 OF 组地表径流 AN 流失量分别增长了

1972％和1312％，增长效果十分显著。当雨强为99mm/h时，CF组壤中流 AN 流失量最大，分别是 CK 组和 OF 组的 8.95 倍和 2.66 倍。与 CK 相比，常规施肥模式下地表径流与壤中流 AN 流失量分别提高108％～234％和14.9％～795％，OF 模式下地表径流与壤中流 AN 流失量分别提高 41.7％～101％和 39.9％～474％；54mm/h、75mm/h 和 99mm/h 降雨强度下 CF 组 AN 总流失量分别是 OF 组的 1.80 倍、1.63 倍和 1.58 倍，氮肥施用量与农田地表径流与壤中流 AN 流失量存在显著的正相关关系。

### 2.2.3　降雨强度与施肥对硝态氮流失的影响

#### 2.2.3.1　降雨强度对硝态氮流失的影响

如图 2.5 与图 2.6 所示为相同施肥方案下径流中 NN 浓度随产流时间的变化曲线。地表径流 NN 浓度随时间的整体变化为先下降然后趋于稳定直至降雨停止产流结束。对于地表径流而言，9 组试验中 NN 浓度均在产流初期达到峰值，其中 4 号箱的初始产流浓度最大，为 75.57mg/L，3 号箱的初始产流浓度最小，为 13.78mg/L。通过对比可以看出地表径流中 NN 初始浓度与降雨强度呈负相关，主要表现为 $C_{54mm/h} > C_{75mm/h} > C_{99mm/h}$。9 个土槽箱中地表径流 NN 浓度均在产流 0～15min 内完成最大幅度变化，然后到产流结束的时间段内，除 2 号箱与 8 号箱外，其他土槽箱中地表径流 NN 浓度相邻时段变化幅度低于 1.1％，整体趋于平稳状态。通过计算地表径流中 NN 趋于稳定后的平均浓度，3 号箱最小为 9.44mg/L，4 号箱最大为 26.63mg/L；相较于初始产流浓度而言，4 号箱 NN 浓度下降幅度最大达到 64.8％，9 号箱降幅最小为 25.8％。

表 2.5 是地表径流与壤中流硝态氮流失量。对于壤中流，6 号箱的初始产流浓度最大，为 45.67mg/L，2 号箱的初始产流浓度最小，为 3.00mg/L。相较于降雨过程中地表径流 NN 浓度变化而言，壤中流浓度变化幅度较大且规律不明显。该次模拟降雨试验中 6 号箱地表径流 NN 累计流失量最大，为 824.05mg，1 号箱最小为 230.17mg。就浓度而言，地表径流 NN 初始产流浓度是壤中流的 0.14～1.25 倍，初始产流浓度差异较小。就流失量而言，地表径流 NN 总流失量是壤中流的 10.77～271.25 倍，远高于壤中流。

表 2.5　地表径流与壤中流硝态氮流失量

| 箱号 | 地表径流流失量/mg | 壤中流流失量/mg | 硝态氮流失量/mg | 地表径流流失占比/％ |
|---|---|---|---|---|
| 1 | 229.18 | 0.99 | 230.17 | 99.6 |
| 2 | 268.76 | 0.99 | 269.75 | 99.6 |
| 3 | 237.27 | 9.68 | 246.95 | 96.1 |
| 4 | 540.53 | 3.92 | 544.45 | 99.3 |
| 5 | 605.95 | 39.31 | 645.26 | 93.9 |
| 6 | 754.04 | 70.01 | 824.05 | 91.5 |
| 7 | 362.53 | 4.10 | 366.63 | 98.9 |
| 8 | 389.51 | 18.42 | 407.92 | 95.5 |
| 9 | 626.28 | 47.97 | 674.25 | 92.9 |

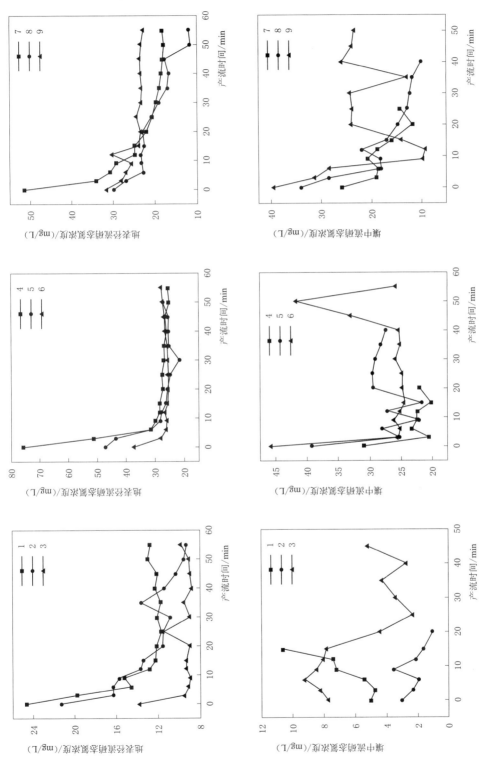

图 2.5 相同施肥方案下径流中硝态氮浓度随产流时间的变化趋势

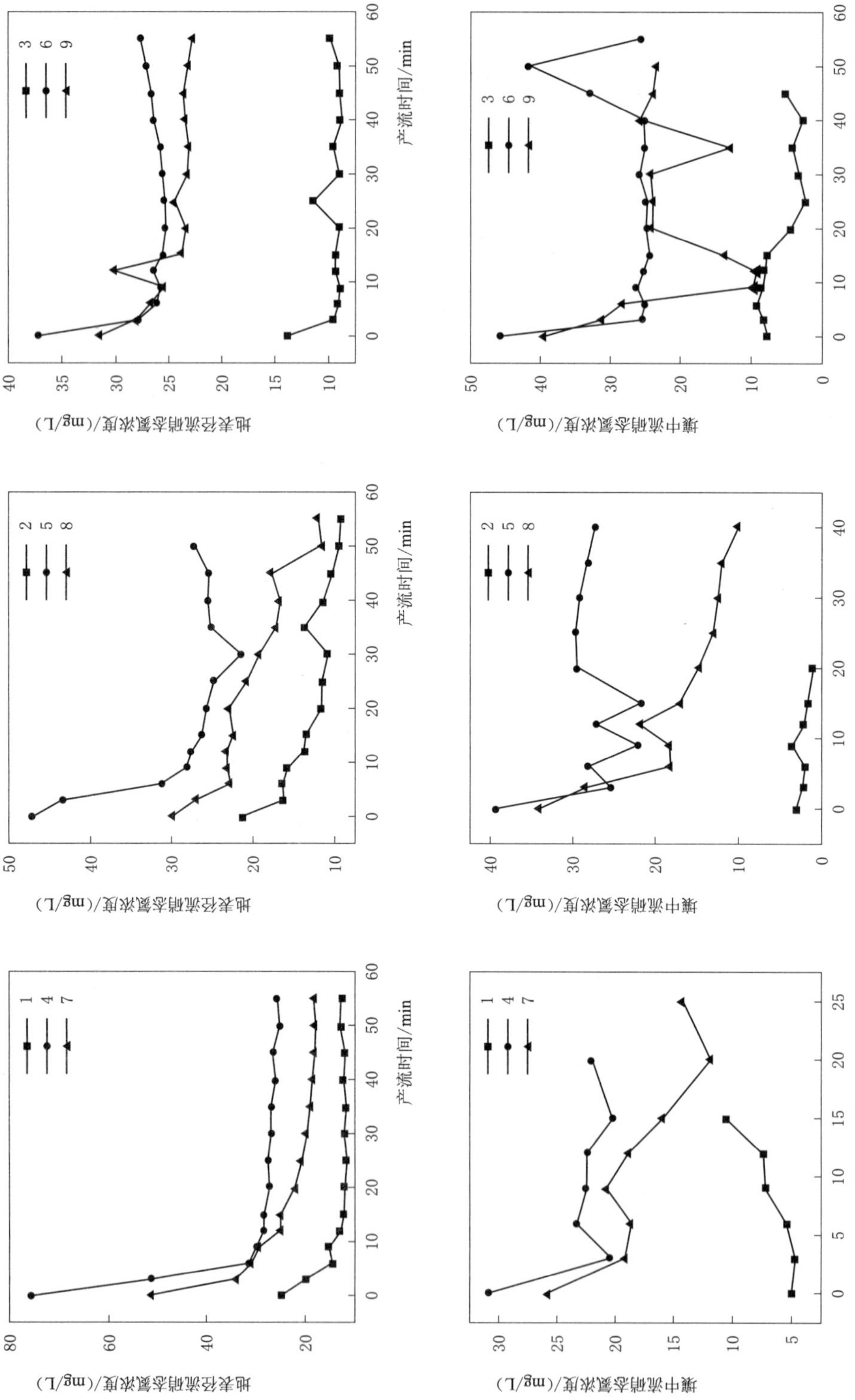

图 2.6　相同降雨强度下径流中硝态氮浓度随产流时间的变化趋势

表 2.5 中地表径流 NN 流失占比数据显示，地表径流是农田 NN 流失的主要途径，其中 6 号箱地表径流流失占比最低为 91.5%，2 号箱最高为 99.6%，9 组试验中壤中流流失占比低于 9%。地表径流流失量占比 $P$ 大小关系表现为 $P_{54mm/h}>P_{75mm/h}>P_{99mm/h}$，壤中流 NN 流失比例随着降雨强度的增大而增大。相同施肥条件下地表径流中 NN 累计流失量与降雨强度呈现正相关关系，表现为 $L_{54mm/h}<L_{75mm/h}<L_{99mm/h}$，当降雨强度从 54mm/h 增长到 75mm/h 时，地表径流与壤中流中 NN 流失量分别增长 12.3% 和 417.5%；当降雨强度从 75mm/h 增长到 99mm/h 时地表径流与壤中流 NN 流失量分别增长 24.5% 和 372.0%，降雨强度对于壤中流中 NN 流失的影响要显著高于地表径流。

**2.2.3.2 不同施肥对硝态氮流失的影响**

地表径流不同降雨强度下 NN 初始产流浓度表现为 $C_{CF}>C_{OF}>C_{CK}$，产流 15min 之后，趋于稳定的 NN 平均浓度表现为 $C_{CF}>C_{OF}>C_{CK}$，即地表径流中 NN 的初始产流浓度与后期稳定浓度均与施氮量呈现正相关关系。同时结合表 2.5 数据显示，不同施肥方案下地表径流 NN 流失量占比大小关系表现为 $P_{CK}>P_{OF}>P_{CF}$，随着施氮量的增加，地表径流 NN 流失占比呈下降趋势。相较于空白组，常规施肥和优化施肥处理后 NN 流失量分别提高了 126%~218% 和 44.9%~164%，数量关系表现为 $L_{CF}>L_{OF}>L_{CK}$。结果表明地表径流 NN 流失量与氮肥施用量呈现正相关关系。根据图 2.6 径流中 NN 浓度随产流时间的变化趋势，在相同降雨强度下，地表径流与壤中流的初始产流浓度均表现为 $C_{CF}>C_{OF}>C_{CK}$，NN 的初始浓度受氮肥施用量的影响，且随施肥量的增加而增大。在 54mm/h 的降雨强度下，CK 组、CF 组和 OF 组壤中流 NN 流失量分别为 0.99mg、3.92mg 与 4.10mg，施用化肥后壤中流 NN 流失量提高了 284%~313%，施用化肥对壤中流 NN 的流失影响显著。当降雨强度由 54mm/h 增大到 75mm/h 时，CF 和 OF 壤中流 NN 流失量分别提升了 904% 和 349%，CF 和 OF 壤中流 NN 流失量分别是 CK 的 38.7 倍和 17.6 倍。同样地，99mm/h 的降雨强度下，CF 和 OF 的壤中流 NN 流失量分别是 CK 的 6.2 倍和 4.0 倍，增幅十分显著。上述结果表明常规施肥壤中流 NN 对雨强的敏感度要远超优化施肥。

**2.2.4 降雨强度与施肥对溶解氮流失的影响**

图 2.7 和图 2.8 是径流中 DN 浓度随产流时间的变化，图 2.9 是降雨试验中不同形态氮素径流流失量，表 2.6 展示了不同形态与途径的 DN 流失量。

表 2.6　　　　　　　　　　　　　农田径流中溶解氮流失量

| 箱号 | 溶解氮流失量/mg | 地表径流占比/% | 硝态氮占比/% |
| --- | --- | --- | --- |
| 1 | 235.33 | 99.6 | 97.8 |
| 2 | 275.17 | 99.6 | 98.0 |
| 3 | 257.63 | 96.1 | 95.9 |
| 4 | 558.9 | 99.3 | 97.4 |
| 5 | 663.85 | 93.9 | 97.2 |
| 6 | 849.39 | 91.3 | 97.0 |
| 7 | 374.67 | 98.9 | 97.9 |
| 8 | 419.33 | 95.4 | 97.3 |
| 9 | 690.25 | 92.8 | 97.7 |

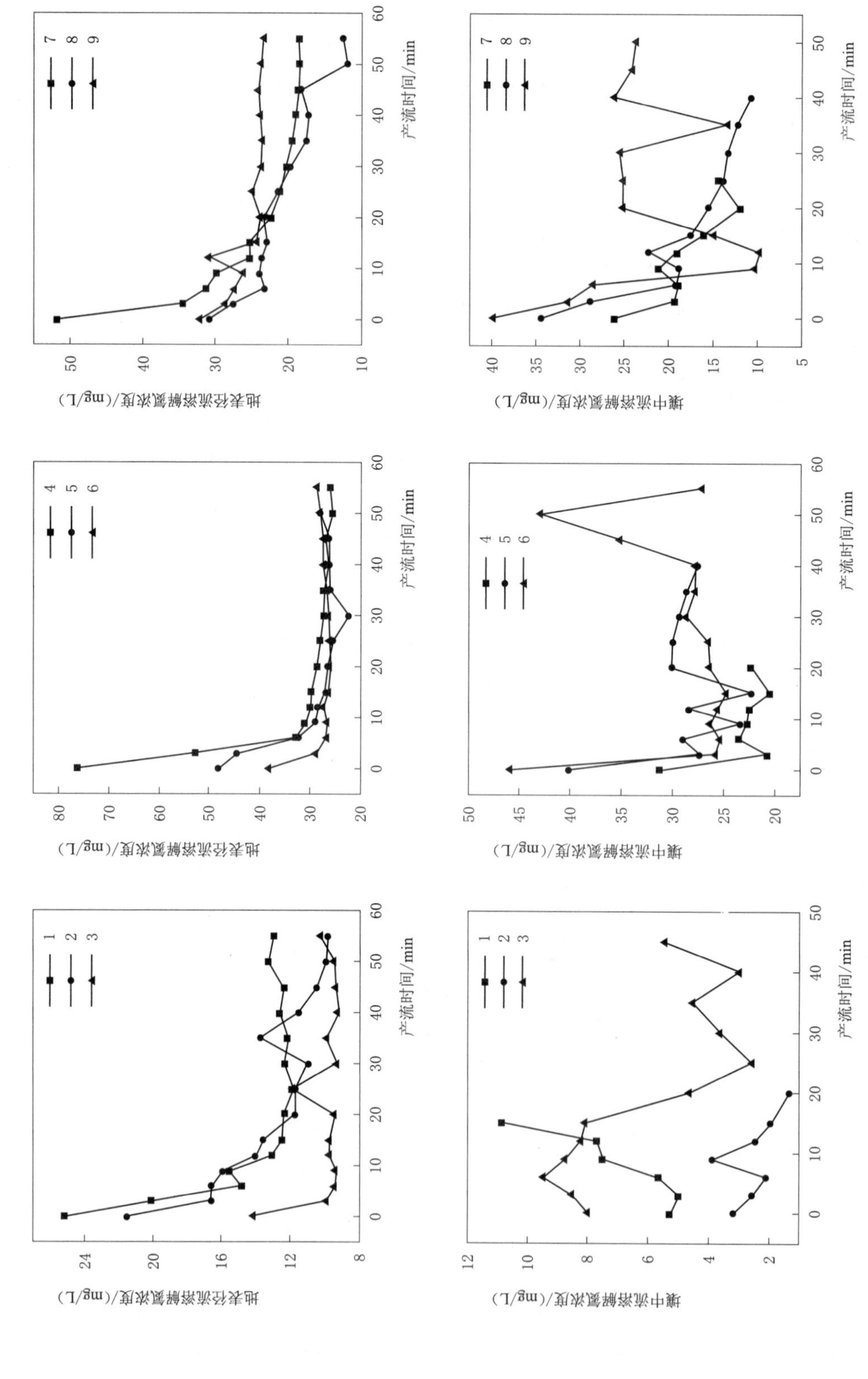

图 2.7　相同施肥方案下径流中溶解氮浓度随产流时间的变化趋势

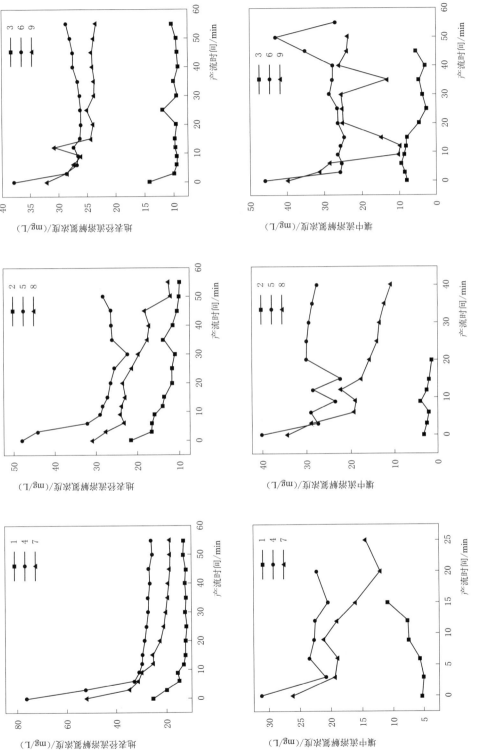

图 2.8 相同降雨强度下径流中溶解氮浓度随产流时间的变化趋势

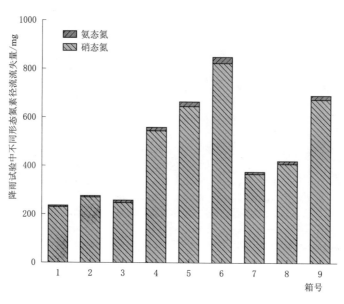

图 2.9　降雨试验中不同形态氮素径流流失量

在该次模拟降雨试验中地表径流是 DN 的主要流失途径，其占比超过 91％。54mm/h、75mm/h 和 99mm/h 降雨强度下地表径流平均占比分别为 99.2％、96.3％和 93.4％，随着降雨强度的增大，地表径流 DN 流失占比依次减少 2.92％和 2.96％，地表径流占比与降雨强度呈现负相关关系。同时，随着降雨强度的增大，CK、CF 和 OF 土槽箱中壤中流 DN 流失量增幅可达 915％，降雨强度对于壤中流中 DN 流失的影响要显著高于地表径流。

地表径流 DN 浓度在产流 0～15min 内迅速下降，产流 15min 后趋于平稳状态直至产流结束；相较于地表径流，壤中流中 DN 浓度变化幅度较大且无明显规律。从流失量上来说，增加氮肥施用量均会导致地表径流、壤中流中 DN 流失量的增加，其中施肥量对壤中流的影响要明显高于地表径流。同时，减少氮肥的使用明显减少了径流中 DN 的损失，在降雨强度为 54mm/h 和 75mm/h 时效果最为显著，分别减少了 33.0％和 36.8％的 DN 损失。

该次试验中农田 DN 的流失以 NN 为主，其占比超过 95％，NN 在农田 DN 的流失中占主导地位。结合图 2.5 径流中可以看出 DN 浓度随产流时间的变化与 NN 浓度随产流时间的变化一致，因此降雨强度与施肥方案对 DN 流失的影响规律基本与 NN 保持一致。表 2.7 为地表径流与壤中流氮素流失系数 $R$，该系数可以直接地表现农田中肥料的流失率。其中地表径流中氮素流失系数表现为 9 号箱最大为 9.94％，8 号箱最小为 3.19％；壤中流氮素流失系数则全部小于地表径流，6 号箱最大为 0.99％，4 号箱最小为 0.05％。对比同一施肥模式下的氮素流失系数可以看出，径流中氮素流失系数整体与降雨强度呈现正相关趋势。在 54mm/h 和 75mm/h 的降雨强度下，CF 组的氮素流失系数大于 OF 组，当降雨强度增大到 99mm/h 时，OF 组氮素流失系数超过 CF 组。从表 2.7 数据可以看出，地表径流在 DN 流失中占主导地位，受降雨强度影响明显。

表 2.7 地表径流与壤中流氮素流失系数 $R$

| 箱号 | 地表径流氮素流失系数/% | 壤中流氮素流失系数/% | 径流氮素流失系数/% |
|---|---|---|---|
| 4 | 4.95 | 0.05 | 5.00 |
| 5 | 5.40 | 0.60 | 6.00 |
| 6 | 8.15 | 0.99 | 9.14 |
| 7 | 3.44 | 0.08 | 3.52 |
| 8 | 3.19 | 0.46 | 3.64 |
| 9 | 9.94 | 0.99 | 10.93 |

## 2.3 外界因素对农田磷素流失过程的影响

### 2.3.1 降雨强度与施肥对溶解磷流失的影响

#### 2.3.1.1 降雨强度对溶解磷流失的影响

图 2.10 与图 2.11 分别为相同施肥方案、相同降雨强度下的地表径流与壤中流中溶解磷浓度随产流时间的变化趋势图。地表径流中 TDP 浓度整体呈现先降低再趋于平稳的走势，产流 20min 之后 TDP 浓度基本稳定，之后相邻两个水样的 TDP 浓度变化幅度小于 29.3%，平均变幅仅为 6.7%。对于地表径流而言，TDP 浓度均在产流初期达到峰值，其中 6 号箱的初始产流浓度最大为 0.48mg/L，1 号箱的初始产流浓度最小为 0.15mg/L。相同施肥方案下地表径流 TDP 初始产流浓度与降雨强度呈现正相关，即 $C_{99mm/h}>C_{75mm/h}>C_{54mm/h}$。在地表径流产流 20min 之后，同一施肥方案下的 TDP 平均稳定浓度随着降雨强度的增大而增高，最高值是 6 号箱为 0.25mg/L。当降雨强度从 54mm/h 依次增大到 75mm/h 和 99mm/h 时，TDP 平均稳定浓度分别增高 20.8%～35.0% 和 14.5%～42.4%，其中 CF 组增幅最为明显。如表 2.8 数据，相同施肥方案下地表径流中 TDP 流失量与降雨强度之间存在正相关趋势，TDP 流失量表现为 $L_{99mm/h}>L_{75mm/h}>L_{54mm/h}$。地表径流是溶解磷流失的主要途径，通过地表径流流失的 TPP 在总流失量的占比超过 91%，且其占比与降雨强度呈负相关，表现为 $P_{54mm/h}>P_{75mm/h}>P_{99mm/h}$。

表 2.8 地表径流与壤中流溶解磷流失量

| 箱号 | 地表径流流失量/mg | 壤中流流失量/mg | 溶解磷流失量/mg | 地表径流流失占比/% |
|---|---|---|---|---|
| 1 | 1.02 | 0.01 | 1.04 | 98.7 |
| 2 | 1.55 | 0.05 | 1.60 | 97.1 |
| 3 | 2.11 | 0.19 | 2.30 | 91.6 |
| 4 | 2.67 | 0.04 | 2.71 | 98.4 |
| 5 | 4.19 | 0.28 | 4.47 | 93.8 |
| 6 | 7.43 | 0.57 | 8.01 | 92.9 |
| 7 | 2.05 | 0.03 | 2.08 | 98.4 |
| 8 | 3.04 | 0.16 | 3.20 | 95.0 |
| 9 | 5.49 | 0.35 | 5.84 | 94.0 |

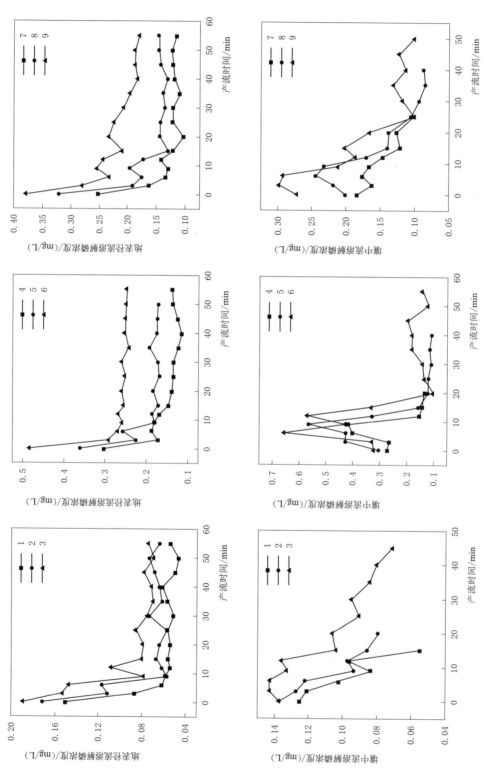

图 2.10　相同施肥方案下径流中溶解磷浓度随产流时间的变化趋势

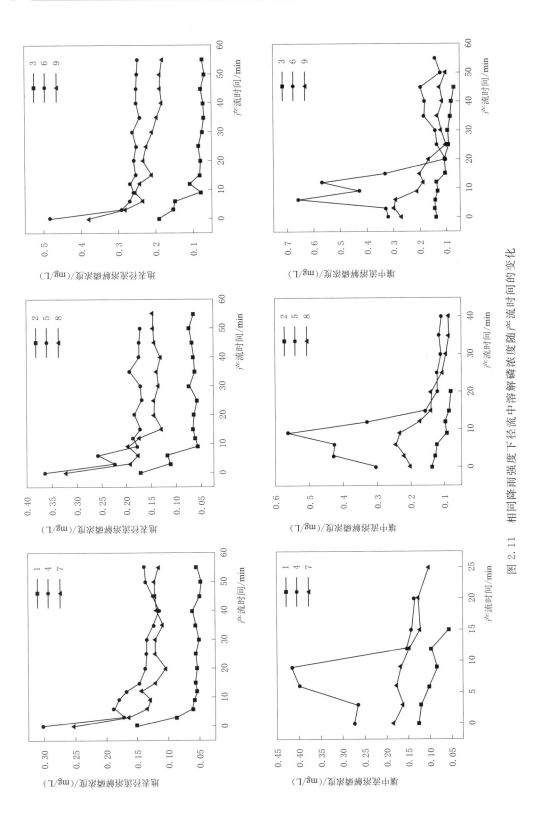

图 2.11 相同降雨强度下径流中溶解磷浓度随产流时间的变化

由图 2.10 可知，壤中流中施肥组的 TDP 浓度整体呈现先升高再降低然后趋于稳定的趋势，在产流 6~12min 左右达到峰值，而空白组 TDP 浓度趋势则表现为随着产流时长的延续逐渐降低。壤中流 TDP 初始产流浓度，6 号箱最高为 0.32mg/L，1 号箱最低为 0.13mg/L，初始产流浓度与降雨强度呈现正相关，表现为 $C_{99mm/h} > C_{75mm/h} > C_{54mm/h}$。壤中流 TDP 流失量与降雨强度呈现正相关，随着降雨强度从 54mm/h 增大到 75mm/h、99mm/h，TDP 流失量依次增加 240.3%~543.6% 和 107.0%~317.5%，同时降雨强度的增大对壤中流 TDP 流失量的影响程度要高于地表径流。

#### 2.3.1.2 不同施肥对溶解磷流失的影响

施肥方案对于地表径流中 TDP 浓度影响较为明显，在相同的产流时刻 TDP 浓度基本表现为 $C_{CF} > C_{OF} > C_{CK}$。在地表径流产流 0~20min 内，施肥组（CF、OF）土槽箱中 9 号箱 TDP 浓度相对降幅最小为 38.5%，7 号箱相对降幅最大为 59.2%；就数值上来说 6 号箱降幅最大，初始产流浓度相较于产流 20min 时浓度降低了 0.23mg/L，9 号箱降幅最小为 0.15mg/L。地表径流中 TDP 流失量与施肥量之间存在正相关关系，表现为 $L_{CF} > L_{OF} > L_{CK}$，CF、OF 相较于 CK 分别提高了 160.5%~252.6%、95.4%~160.4%。在壤中流产流后的 0~15min 之间，CF、OF 组的 TDP 浓度远高于 CK，不同施肥方案处理下的壤中流 TDP 浓度差异明显；在产流 15min 之后 CF 与 OF 壤中流 TDP 浓度较为接近，呈现稳定趋势。壤中流 TDP 流失量与施肥量之间也存在正相关关系，CF、OF 相较于 CK 分别提高了 194.3%~493.7%、80.2%~241.8%。

### 2.3.2 降雨强度与施肥对颗粒磷流失的影响

#### 2.3.2.1 降雨强度对颗粒磷流失的影响

如图 2.12 和图 2.13 所示，分别是相同施肥方案和相同降雨强度下的径流中颗粒磷浓度随产流时间的变化趋势图，表 2.9 是地表径流与壤中流颗粒磷流失量数据。施肥组土槽箱中地表径流 TPP 浓度整体呈现先降低再波动平稳的趋势；空白组土槽箱中地表径流 TPP 浓度在 3~15min 之间存在一个上升拐点，其余时间均呈现下降趋势。地表径流中 TPP 浓度随着降雨强度的增大而不断升高，表现为 $C_{99mm/h} > C_{75mm/h} > C_{54mm/h}$；TPP 初始产流浓度也符合这一规律，其中 6 号箱最大为 3.74mg/L，1 号箱最小为 1.10mg/L。

表 2.9 地表径流与壤中流颗粒磷流失量

| 箱号 | 地表径流流失量/mg | 壤中流流失量/mg | 颗粒磷总流失量/mg | 地表径流流失占比/% |
|---|---|---|---|---|
| 1 | 9.42 | 0.03 | 9.45 | 99.7 |
| 2 | 14.29 | 0.34 | 14.63 | 97.7 |
| 3 | 17.90 | 1.54 | 19.45 | 92.1 |
| 4 | 29.01 | 0.20 | 29.20 | 99.3 |
| 5 | 46.05 | 2.34 | 48.40 | 95.2 |
| 6 | 75.56 | 5.28 | 80.83 | 93.5 |
| 7 | 20.25 | 0.23 | 20.49 | 98.9 |
| 8 | 30.38 | 1.21 | 31.59 | 96.2 |
| 9 | 53.48 | 3.03 | 56.52 | 94.6 |

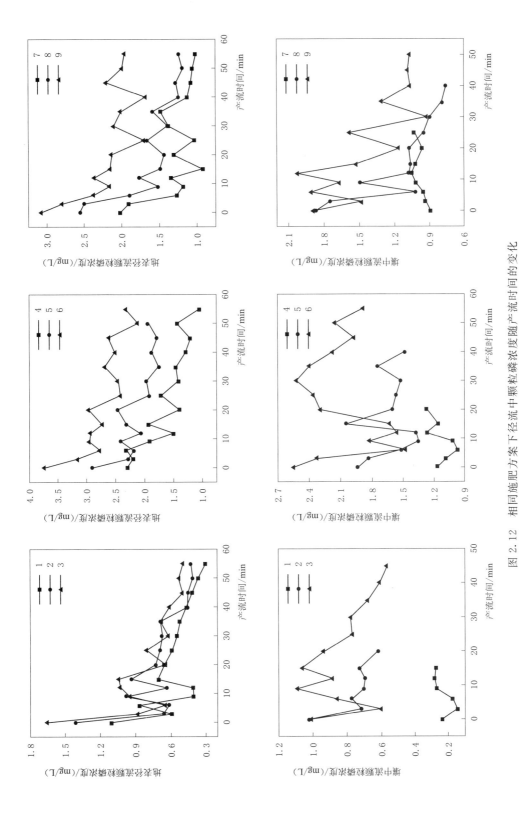

图 2.12 相同施肥方案下径流中颗粒磷浓度随产流时间的变化

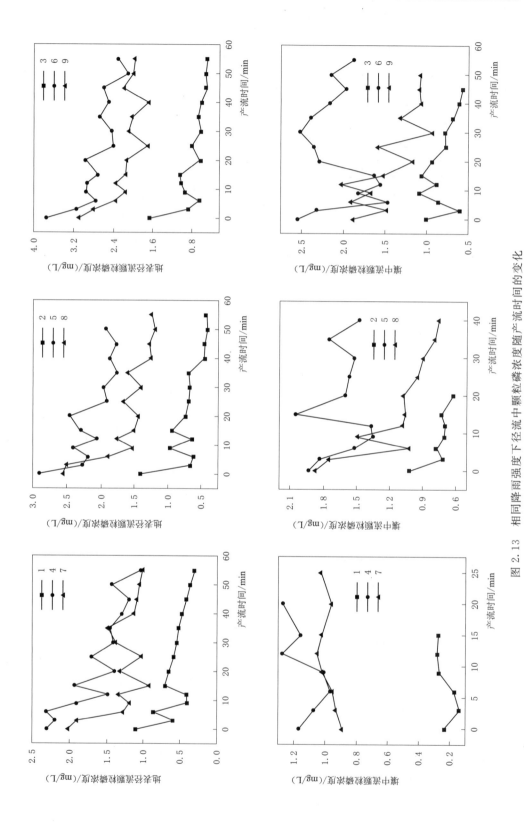

图 2.13　相同降雨强度下径流中颗粒磷浓度随产流时间的变化

3 种降雨强度下地表径流中 TPP 浓度均在产流初期达到峰值，分析其原因是降雨初期，土壤结构松散，雨水冲刷强度较大，雨滴溅蚀破坏土壤团聚体结构，分散表层土壤，土壤颗粒被初期径流卷携，径流中泥沙颗粒含量较高，导致初始产流中颗粒磷浓度偏高。相同施肥方案下地表径流中 TPP 流失量与降雨强度呈现正相关关系，75mm/h 雨强 TPP 的流失量较 54mm/h 提高了 50.0%～58.8%，99mm/h 雨强 TPP 的流失量较 74mm/h 提高了 25.3%～76.0%。

壤中流 TPP 浓度的变化走势规律性不明显，但不同雨强间 TPP 浓度差异明显，壤中流 TPP 浓度与降雨强度间存在正相关关系，其产流过程中 TPP 平均浓度最大是 6 号箱为 2.08mg/L，最小为 1 号箱 0.23mg/L；施肥组土槽箱壤中流中 TPP 初始浓度与降雨强度同样符合正相关关系，表现为 $C_{99mm/h} > C_{75mm/h} > C_{54mm/h}$。从流失量上来说，提高降雨强度对壤中流 TPP 流失的影响远高于地表径流，当降雨强度从 54mm/h 增大到 75mm/h、99mm/h 时，壤中流 TPP 流失量依次增加 416.5%～1091.1% 和 125.2%～350.6%。

### 2.3.2.2　不同施肥对颗粒磷流失的影响

不同施肥方案对地表径流和壤中流中 TPP 流失浓度的影响较为明显，在浓度数值上存在显著差异，表现为 $C_{CF} > C_{OF} > C_{CK}$。从表 2.9 数据可以看出，相同降雨强度下不论地表径流还是壤中流，流失量关系均表现为 $L_{CF} > L_{OF} > L_{CK}$，其中 CF、OF 地表径流中 TPP 流失量分别较 CK 提高了 207.9%～322.0% 和 112.7%～198.7%，壤中流中 TPP 流失量分别较 CK 提高了 241.8%～584.1% 和 96.6%～607.4%，增大施肥量对壤中流 TPP 的流失影响更加显著。

### 2.3.3　降雨强度与施肥对总磷流失的影响

图 2.14 与图 2.15 分别是相同施肥方案、相同降雨强度下径流中 TP 浓度随产流时间的变化，图 2.16 展示了不同形态 TP 径流流失量，表 2.10 展示了 TP 通过不同途径和不同形态流失的比例关系。地表径流中 TP 浓度整体趋势与 TPP 一致，在产流 0～15min 内下降，之后呈波动平稳的趋势；相较于地表径流，壤中流中 TP 浓度变化幅度较大且无明显规律。在该次模拟降雨试验中，地表径流是总磷流失的主要途径，其占比超过 92%，54mm/h、75mm/h 和 99mm/h 降雨强度下地表径流流失量平均占比分别为 99.2%、96.2% 和 93.3%，随着降雨强度的增大，地表径流 TP 流失占比依次减少 3.0% 和 2.9%，地表径流 TP 流失量占比与降雨强度呈现负相关关系。同时，随着降雨强度的增大，试验土槽箱中壤中流 TP 的流失量增幅可达 993%，而壤中流 TPP 的流失量的增幅最大为 76.4%，降雨强度对于壤中流中 TP 流失的影响要显著高于地表径流。

从表 2.10 和图 2.16 降雨试验中不同形态磷素径流流失量可以看出，模拟降雨条件下农田 TP 的流失以 TPP 为主，其占比超过 90%，颗粒磷在农田磷素流失中占主导地位，这也是产流过程中 TP 浓度整体趋势与 TPP 一致的原因。从图 2.14 与图 2.15 中可以看出径流中 TP 浓度与降雨强度、施肥量呈现明显的正相关关系，且降雨强度和施肥量对壤中流 TP 浓度的影响要高于地表径流。减少磷肥的施用量能明显降低径流中 TP 的流失量，当雨强为 75mm/h 时效果最为显著，此时 TP 流失量减少了 34.2%。

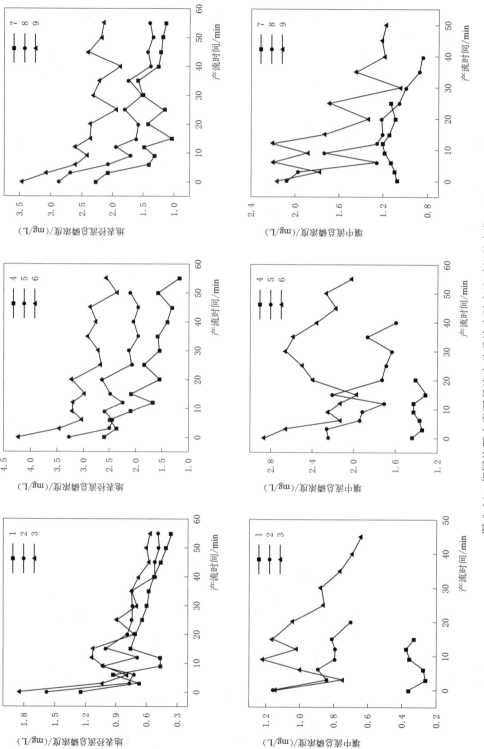

图 2.14　相同施肥方案下径流中总磷浓度随产流时间的变化

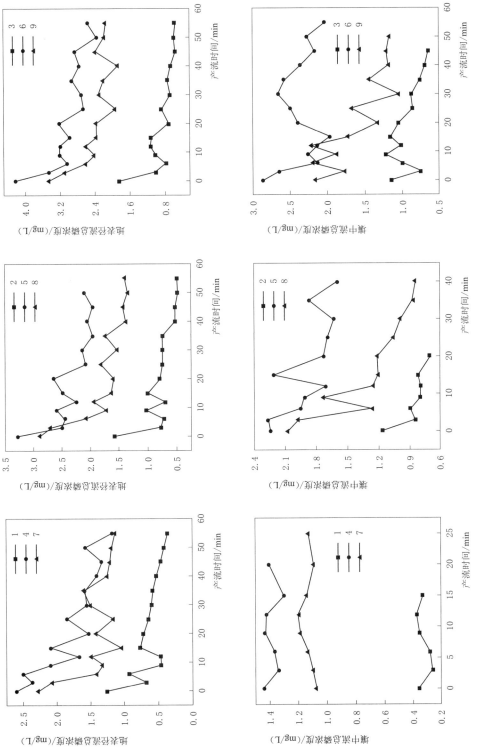

图 2.15 相同降雨强度下径流中总磷浓度随产流时间的变化

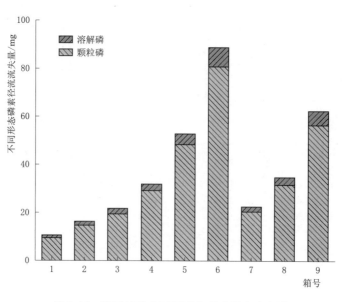

图 2.16　降雨试验中不同形态磷素径流流失量

表 2.10　　　　　　　　　　　　　农田径流中总磷流失量

| 箱号 | 总磷流失量/mg | 地表径流占比/% | 颗粒磷占比/% |
| --- | --- | --- | --- |
| 1 | 10.49 | 99.6 | 90.1 |
| 2 | 16.23 | 97.6 | 90.1 |
| 3 | 21.75 | 92.0 | 89.4 |
| 4 | 31.91 | 99.2 | 91.5 |
| 5 | 52.87 | 95.0 | 91.5 |
| 6 | 88.84 | 93.4 | 91.0 |
| 7 | 22.57 | 98.8 | 90.8 |
| 8 | 34.79 | 96.1 | 90.8 |
| 9 | 62.36 | 94.6 | 90.6 |

表 2.11 是地表径流与壤中流磷素流失系数。该系数可以间接的表现农田中磷肥的利用率。模拟降雨试验过程中磷素流失系数介于 0.425%～1.332% 之间，就整体而言 OF 组的磷素流失系数高于 CF，其中地表径流磷素流失系数表现为 6 号箱最大，为 1.250%，7 号箱最小，为 0.366%；壤中流磷素流失系数则全部小于地表径流，6 号箱最大为 0.082%，4 号箱最小为 0.004%。对比同一施肥模式下的径流磷素流失系数可以看出，地表径流和壤中流的磷素流失系数整体与降雨强度呈现正相关趋势，当降雨强度从 54mm/h 增大到 75mm/h、99mm/h 时，OF 组、CF 组径流磷素流失系数分别提高了 53.6%～71.1%、83.2%～118.8%。

表 2.11    地表径流与壤中流磷素流失系数 R

| 箱号 | 地表径流磷素流失系数/% | 壤中流磷素流失系数/% | 径流磷素流失系数/% |
|---|---|---|---|
| 4 | 0.421 | 0.004 | 0.425 |
| 5 | 0.683 | 0.044 | 0.727 |
| 6 | 1.250 | 0.082 | 1.332 |
| 7 | 0.366 | 0.007 | 0.373 |
| 8 | 0.543 | 0.030 | 0.573 |
| 9 | 1.203 | 0.051 | 1.254 |

# 2.4  本章小结

（1）地表径流是试验土槽箱产流的主要方式。在 54mm/h、75mm/h 和 99mm/h 3 种降雨强度下，地表径流总是在降雨开始后 4min 以内产流，而壤中流平均初损历时分别为 37min 42s、18min 56s 和 8min 56s，壤中流的初损历时受降雨强度影响显著。该次试验中农田产流以地表径流为主，壤中流占比仅为 1.1%～7.8%，壤中流径流量占比与降雨强度呈正相关趋势。通过 Pearson 相关分析可知，径流量与降雨强度之间呈现极显著正相关关系（$P<0.01$）。

（2）地表径流是 AN 流失的主要途径，降雨强度和施肥方案对其流失过程浓度变化有影响。地表径流中 AN 浓度整体随时间的变化不大，整体趋于平稳状态，其初始产流浓度、流失量分别是壤中流的 1.02～5.02 倍和 5.38～326.26 倍，远高于壤中流 AN 水平。但降雨强度对于壤中流 AN 流失的影响要显著高于地表径流，且在相同施肥方案下壤中流 AN 流失量与流失占比和降雨强度呈现正相关关系。CF 的 AN 总流失量分别是 OF 的 1.58～1.80 倍，化肥使用量与农田 AN 流失量之间存在显著的正相关关系。

（3）地表径流是 NN 流失的主要途径，受降雨强度和施肥方案影响显著。地表径流是农田 NN 流失的主要途径，流失量是壤中流的 10.77～271.25 倍，壤中流浓度变化虽幅度较大但规律性不明显，但 NN 流失量与氮肥施用量呈现显著的正相关趋势。地表径流中 NN 浓度在产流 0～15min 先下降，之后趋于稳定，且 NN 初始浓度与降雨强度呈现负相关关系，主要表现为 $C_{54mm/h}>C_{75mm/h}>C_{99mm/h}$，趋于稳定的 NN 平均浓度表现为 $C_{CF}>C_{OF}>C_{CK}$。在相同施肥条件下，地表径流中 NN 累计流失量、壤中流中 NN 流失比例同时与降雨强度呈现正相关关系，降雨强度对于壤中流中 NN 流失的影响要显著高于地表径流。

（4）硝态氮是农田氮素流失的主要形态，地表径流是氮素流失的主要途径。模拟降雨条件下地表径流是 DN 的主要流失方式，其占比超过 91% 并与降雨强度呈现负相关关系。农田 DN 的流失以 NN 为主，其占比超过 95%，因此降雨强度与施肥方案对 DN 流失的影响规律基本与 NN 保持一致。增加氮肥施用量会导致径流中 DN 流失量的增加，且对壤中流的影响要高于地表径流。在 54mm/h 和 75mm/h 的雨强下，减少氮肥的使用对抑制 DN

损失的效果极为显著，OF 组相较于 CF 组分别减少了 33.0％和 36.8％的 DN 流失。

（5）地表径流是 TDP 流失的主要途径，磷肥施用量与农田径流 TDP 流失量之间存在显著的正相关关系。地表径流中 TDP 浓度整体呈现先降低再趋于平稳的走势，产流 20min 之后 TDP 浓度基本稳定，之后相邻两个水样的 TDP 浓度平均变幅仅为 6.7％。地表径流是溶解磷流失的主要途径，通过地表径流流失的 TPP 在总流失量的占比超过 91％，且其占比与降雨强度呈负相关，降雨强度的增大对壤中流 TDP 流失量的影响程度要高于地表径流。

（6）地表径流是 TPP 流失的主要途径，其流失过程受降雨强度和施肥方案影响显著。相同降雨强度下地表径流、壤中流流失量关系均表现为 $L_{CF} > L_{OF} > L_{CK}$，增大施肥量对壤中流 TPP 的流失影响更加显著。施肥组土槽箱中地表径流中的 TPP 浓度整体呈现先降低再波动平稳的趋势，且 TPP 初始产流浓度与降雨强度呈现正相关关系。壤中流 TPP 浓度的变化走势规律性不明显，但不同雨强间 TPP 浓度差异明显，提高降雨强度对壤中流 TPP 流失的影响远高于地表径流。

（7）颗粒磷是农田磷素流失的主要形态，地表径流是磷素流失的主要途径。径流中磷素流失系数整体与降雨强度呈现正相关趋势。颗粒磷在农田磷素流失中占主导地位，其占比超过 90％。TP 浓度整体趋势与 TPP 一致，地表径流是总磷流失的主要途径，其占比超过 92％，随着降雨强度的增大，地表径流 TP 流失占比依次减少 3.0％和 2.9％，而土槽箱中壤中流 TP 的流失量提高了 9.93 倍，降雨强度对于壤中流中 TP 流失的影响要显著高于地表径流。

# 第 3 章 外界因素对氮磷流失量的影响分析

对于农业面源污染来说，径流是污染物扩散的载体，径流的流动为污染物的扩散提供了动力来源，因此径流量的大小直接关系着农田氮磷流失量的多少。农田中径流量的大小是由降雨和地形条件决定，其中影响降雨的因素包括降雨强度、降雨持续时间和累计降雨量，已有试验研究证明在多种土地利用类型下降雨量与径流量均呈现显著性相关[176]。通过实验分析，在其他影响因素相同的条件下，氮磷元素的累计流失量与降雨强度呈现显著相关关系，而当降雨持续时间一定时，雨强是径流产流量的直接决定因素，因此可以推断氮磷养分累计流失量与径流量之间也存在密切的关系。在特定的环境下，径流量是降雨强度的函数，可以间接的体现降雨量与降雨强度的大小，所以可以将径流量与降雨条件（降雨强度和累计降雨量）区分开作为一个单独的影响因素进行探究。晏军等[177]所做的关于不同灌溉条件下水稻田氮、磷流失特征的试验结果表明与常规淹灌相比浅灌深蓄处理后的稻田径流量减少 45.8%，总氮和总磷的径流流失量分别降低 32.6%～35.9%，通过控制田间径流的产生可以有效抑制稻田养分的流失。降雨强度、施肥量和径流量的变化均会对氮磷养分流失产生影响，但是针对不同径流、不同形态氮磷的影响程度不同。邬燕虹等[178]的坡长和雨强对氮素流失影响的模拟降雨试验研究了坡长、雨强和径流量对各形态氮素流失的综合影响，结果表明径流中总氮和硝态氮的流失量与坡长、雨强、径流量都达到了极显著相关水平，相关性依次为径流量＞雨强＞坡长，径流中 AN 的流失量只与雨强显著相关。在其他因素相同的条件下，径流输出量与降雨量之间存在显著关系，Bouraima 等[179]在三峡地区的 15°坡地紫色土壤上进行了为期 5 年的轮作，研究不同施肥模式对土壤侵蚀和养分损失的影响，其结果表明施肥能分别减少 16.8%～35.7% 的地表径流和 20.9%～49.6% 的泥沙流失，且各处理的土壤流失量与径流量之间均有显著关系。

在该次试验中，影响氮磷流失的因素包括降雨强度、施肥量和径流量，通过对地表径流与壤中流中氮磷的流失量与影响因素之间的相关分析，研究降雨强度、施肥量和径流量与养分流失的相关性。

## 3.1 径流量与溶解态氮的拟合方程

表 3.1 与图 3.1～图 3.6 为地表径流和壤中流中 AN、NN 和 DN 流失量与径流量的拟合方程（$y=a+bx$，$r^2$）。整体来说，模拟降雨条件下农田地表径流、壤中流中 AN、

NN 和 DN 的累计流失量与径流量呈现显著的线性关系（$r^2 > 0.92$，$P < 0.05$），不同形态的氮素流失量与径流量的拟合优度均表现为 DN＞NN＞AN；在同一土槽中，NN-Runoff 拟合方程的回归系数（$b$，$y = a + bx$）是 AN-Runoff 的 7.55～88.99 倍，NN 相较于 AN 更易受到径流量的影响。

表 3.1　　地表径流和壤中流中氮素流失量与径流量的拟合方程（$y = a + bx$，$r^2$）

| 径流类型 | 箱号 | 氨态氮-径流量 | | | 硝态氮-径流量 | | | 溶解氮-径流量 | | |
| --- | --- | --- | --- | --- | --- | --- | --- | --- | --- | --- |
| | | $a$ | $b$ | $r^2$ | $a$ | $b$ | $r^2$ | $a$ | $b$ | $r^2$ |
| 地表径流 | 1 | 0.14 | 0.28 | 0.9955 | 12.71 | 12.75 | 0.9961 | 12.85 | 13.03 | 0.9962 |
| | 2 | 0.14 | 0.22 | 0.9898 | 12.19 | 12.28 | 0.9955 | 12.33 | 12.50 | 0.9956 |
| | 3 | −0.02 | 0.41 | 0.9998 | 1.68 | 9.44 | 0.9997 | 1.67 | 9.85 | 0.9997 |
| | 4 | 1.21 | 0.80 | 0.9510 | 34.34 | 28.20 | 0.9952 | 35.54 | 29.00 | 0.9949 |
| | 5 | 0.02 | 0.80 | 0.9998 | 32.59 | 26.36 | 0.9955 | 32.62 | 27.15 | 0.9958 |
| | 6 | −0.20 | 0.75 | 0.9991 | 7.17 | 26.06 | 0.9999 | 6.97 | 26.80 | 0.9999 |
| | 7 | 0.07 | 0.48 | 0.9994 | 22.55 | 21.22 | 0.9918 | 22.62 | 21.71 | 0.9921 |
| | 8 | 0.34 | 0.51 | 0.9983 | 15.20 | 19.49 | 0.9925 | 15.54 | 20.00 | 0.9927 |
| | 9 | −0.06 | 0.56 | 0.9999 | 9.55 | 24.16 | 0.9993 | d9.49 | 24.72 | 0.9994 |
| 壤中流 | 1 | 0.00 | 0.27 | 0.9991 | −0.05 | 6.66 | 0.9814 | −0.05 | 6.93 | 0.9825 |
| | 2 | 0.00 | 0.29 | 0.9955 | 0.04 | 2.16 | 0.9819 | 0.03 | 2.44 | 0.9862 |
| | 3 | 0.00 | 0.22 | 0.9983 | 0.85 | 4.84 | 0.9638 | 0.85 | 5.07 | 0.9671 |
| | 4 | 0.00 | 0.25 | 0.9983 | 0.09 | 22.17 | 0.9987 | 0.09 | 22.42 | 0.9987 |
| | 5 | 0.13 | 0.62 | 0.9274 | −0.03 | 27.32 | 0.9989 | 0.10 | 27.94 | 0.9992 |
| | 6 | −0.45 | 1.71 | 0.9554 | −0.14 | 27.00 | 0.9960 | −0.58 | 28.72 | 0.9958 |
| | 7 | 0.00 | 0.23 | 0.9945 | 0.18 | 17.33 | 0.9911 | 0.18 | 17.55 | 0.9911 |
| | 8 | −0.03 | 0.71 | 0.9924 | 1.59 | 16.00 | 0.9834 | 1.56 | 16.71 | 0.9853 |
| | 9 | −0.05 | 0.76 | 0.9636 | 0.48 | 20.36 | 0.9951 | 0.42 | 21.11 | 0.9956 |

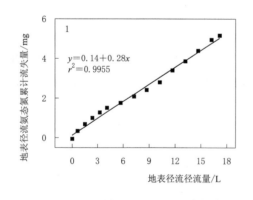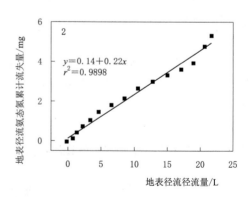

图 3.1（一）　地表径流中氨态氮流失量与径流量线性拟合图

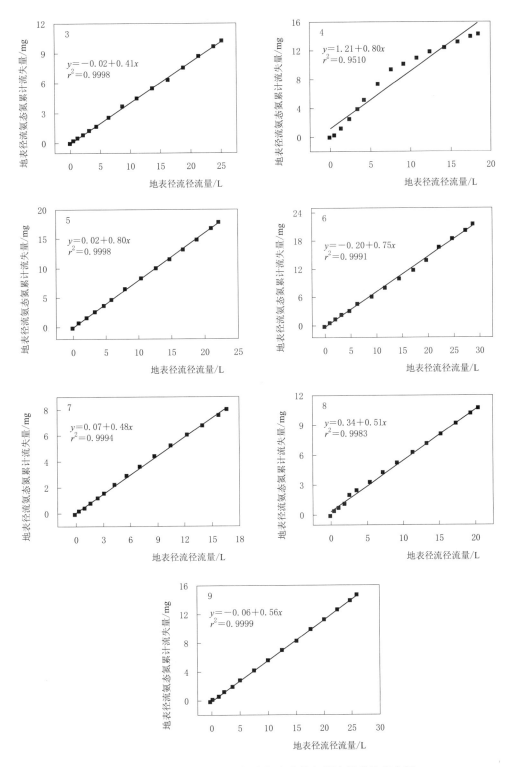

图 3.1（二）　地表径流中氨态氮流失量与径流量线性拟合图

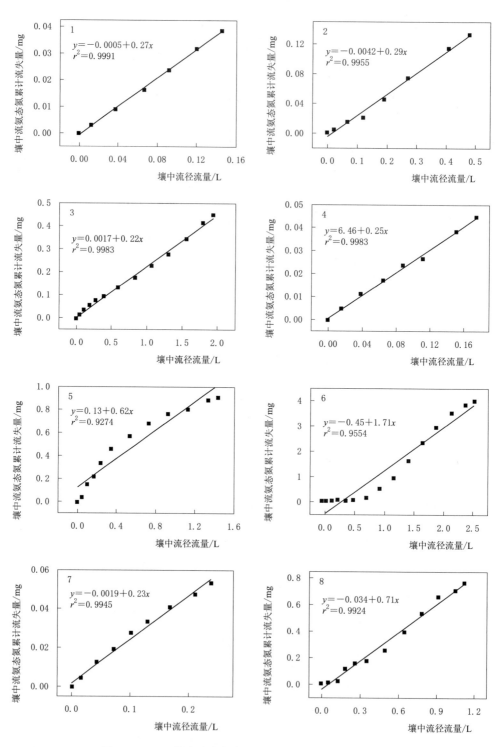

图 3.2（一）　壤中流中氨态氮流失量与径流量线性拟合图

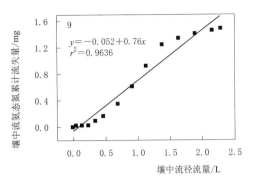

图 3.2（二） 壤中流中氨态氮流失量与径流量线性拟合图

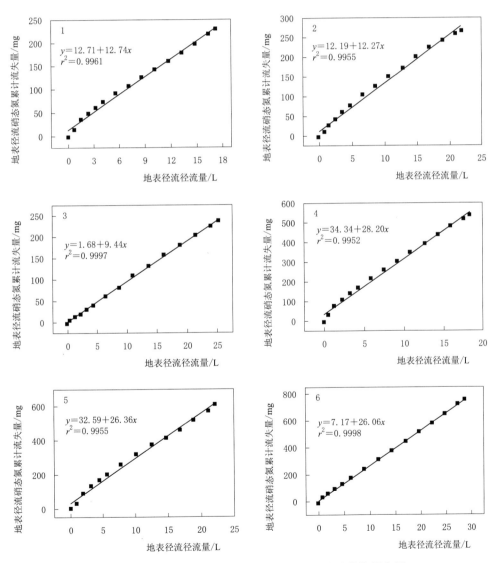

图 3.3（一） 地表径流中硝态氮流失量与径流量线性拟合图

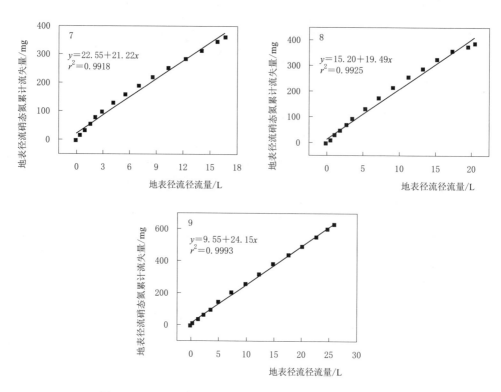

图 3.3（二）　地表径流中硝态氮流失量与径流量线性拟合图

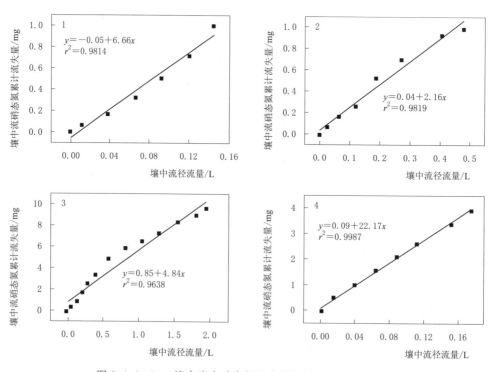

图 3.4（一）　壤中流中硝态氮流失量与径流量线性拟合图

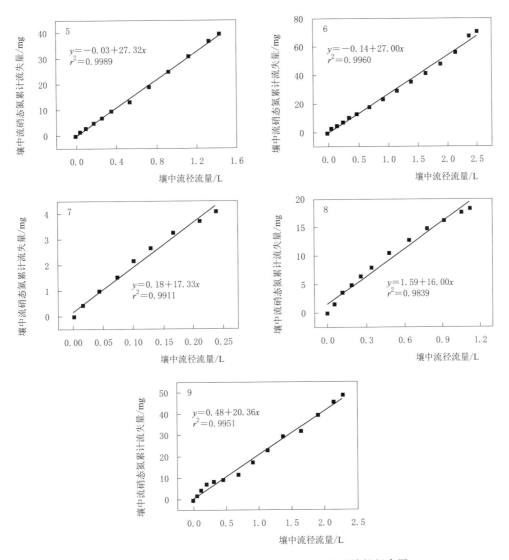

图 3.4（二） 壤中流中硝态氮流失量与径流量线性拟合图

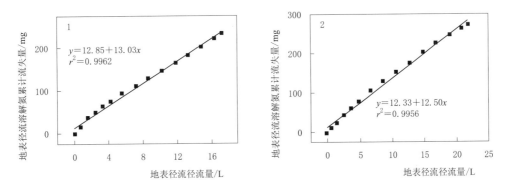

图 3.5（一） 地表径流中溶解氮流失量与径流量线性拟合图

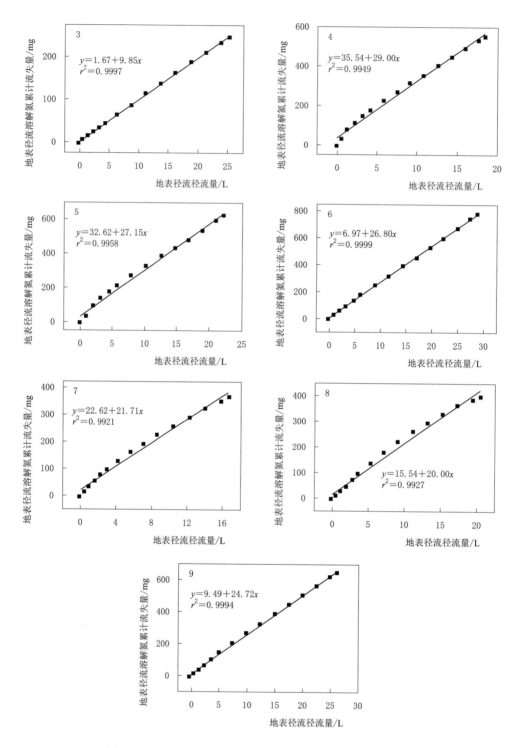

图 3.5（二） 地表径流中溶解氮流失量与径流量线性拟合图

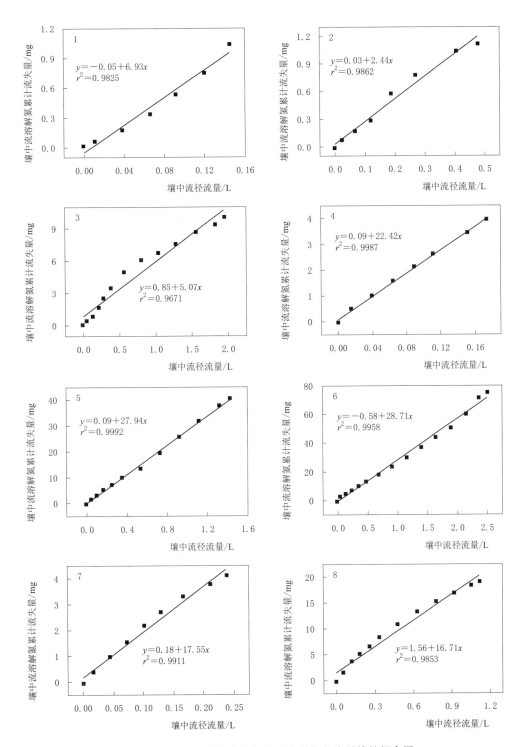

图 3.6（一） 壤中流中溶解氮流失量与径流量线性拟合图

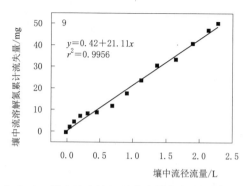

图 3.6（二）　壤中流中溶解氮流失量与径流量线性拟合图

对于不同径流而言，地表径流中 AN、NN 和 DN 的流失量与径流量的拟合优度均高于 0.99，壤中流高于 0.96，对比之下表现为地表径流＞壤中流。同时，同一土槽中地表径流拟合方程的回归系数 $b$ 普遍大于壤中流，出现这一结果是由于地表径流是氮素流失的主要途径，地表径流中氮素的流失更易受到径流量大小的影响，侧面说明 DN 流失量对径流量的敏感性在地表径流和在壤中流中是不同的。

通过表 3.1 整体上可以看出在相同降雨强度下 CF 的流失量与径流量拟合方程回归系数大于 OF。CK、CF 和 OF 方案下地表径流 AN 流失量与径流量的拟合方程的平均回归系数分别为 0.30、0.78 和 0.52，NN 流失量与径流量为 11.49、26.87 和 21.62，其大小关系均为 $b_{CF}>b_{OF}>b_{CK}$；壤中流中 AN 流失量与径流量拟合方程的平均回归系数分别为 0.26、0.86 和 0.56，NN 流失量与径流量为 4.55、25.50 和 17.89，回归系数的大小关系与地表径流表现一致，说明农田氮素损失量与单位面积施氮量之间存在密切的关系。

## 3.2　径流量与总磷的拟合方程

表 3.2 与图 3.7～图 3.12 为地表径流和壤中流中 TDP、TPP 和 TP 流失量与径流量的拟合方程（$y=a+bx$，$r^2$）。

表 3.2　地表径流和壤中流中磷素流失量与径流量的拟合方程（$y=a+bx$，$r^2$）

| 径流类型 | 箱号 | TDP 径流量 | | | TPP 径流量 | | | TP 径流量 | | |
| --- | --- | --- | --- | --- | --- | --- | --- | --- | --- | --- |
| | | $a$ | $b$ | $r^2$ | $a$ | $b$ | $r^2$ | $a$ | $b$ | $r^2$ |
| 地表径流 | 1 | 0.057 | 0.074 | 0.9946 | 0.55 | 0.52 | 0.9916 | 0.59 | 0.61 | 0.9922 |
| | 2 | 0.068 | 0.093 | 0.9957 | 0.67 | 0.70 | 0.9891 | 0.79 | 0.74 | 0.9905 |
| | 3 | 0.081 | 0.13 | 0.9937 | 0.72 | 0.93 | 0.9894 | 1.06 | 0.80 | 0.9902 |
| | 4 | 0.14 | 0.14 | 0.9946 | 1.57 | 1.43 | 0.9929 | 1.56 | 1.73 | 0.9931 |
| | 5 | 0.18 | 0.19 | 0.9972 | 2.09 | 1.18 | 0.9974 | 1.37 | 2.27 | 0.9975 |
| | 6 | 0.26 | 0.18 | 0.9955 | 2.65 | 1.73 | 0.9985 | 1.92 | 2.90 | 0.9987 |
| | 7 | 0.12 | 0.063 | 0.9989 | 1.21 | 0.46 | 0.9986 | 0.52 | 1.33 | 0.9987 |
| | 8 | 0.14 | 0.12 | 0.9978 | 1.48 | 1.20 | 0.9964 | 1.32 | 1.63 | 0.9966 |
| | 9 | 0.21 | 0.16 | 0.9974 | 2.05 | 1.19 | 0.9988 | 1.35 | 2.26 | 0.9988 |

续表

| 径流类型 | 箱号 | TDP 径流量 | | | TPP 径流量 | | | TP 径流量 | | |
|---|---|---|---|---|---|---|---|---|---|---|
| | | $a$ | $b$ | $r^2$ | $a$ | $b$ | $r^2$ | $a$ | $b$ | $r^2$ |
| 壤中流 | 1 | 0.96 | 0.00057 | 0.9903 | −0.001 | 0.23 | 0.9856 | −0.0006 | 0.32 | 0.9964 |
| | 2 | 0.097 | 0.0016 | 0.9940 | 0.059 | 0.72 | 0.9993 | 0.008 | 0.81 | 0.9990 |
| | 3 | 0.10 | 0.0087 | 0.9923 | 0.028 | 0.82 | 0.9937 | 0.036 | 0.92 | 0.9938 |
| | 4 | 0.26 | 0.0021 | 0.9593 | −0.002 | 1.12 | 0.9984 | 0.0006 | 1.37 | 0.9999 |
| | 5 | 0.19 | 0.038 | 0.9212 | 0.006 | 1.64 | 0.9994 | 0.044 | 1.83 | 0.9988 |
| | 6 | 0.22 | 0.065 | 0.9485 | −0.71 | 2.14 | 0.9979 | −0.006 | 2.36 | 0.9994 |
| | 7 | 0.15 | 0.0012 | 0.9928 | −0.002 | 0.99 | 0.9997 | −0.001 | 1.14 | 0.9999 |
| | 8 | 0.14 | 0.013 | 0.9720 | 0.077 | 1.06 | 0.9907 | 0.09 | 1.20 | 0.9891 |
| | 9 | 0.15 | 0.028 | 0.9798 | 0.12 | 1.34 | 0.9923 | 0.15 | 1.49 | 0.9914 |

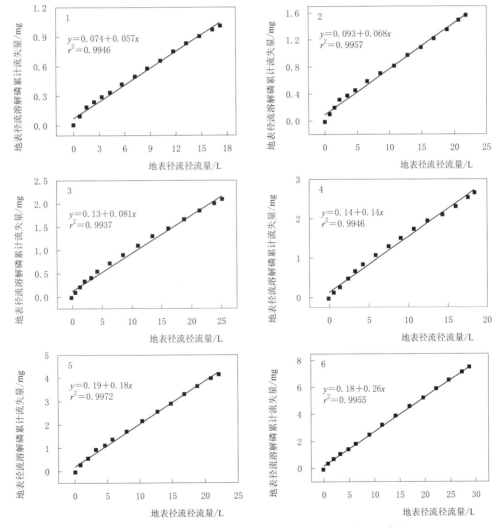

图 3.7（一）　地表径流中溶解磷流失量与径流量线性拟合图

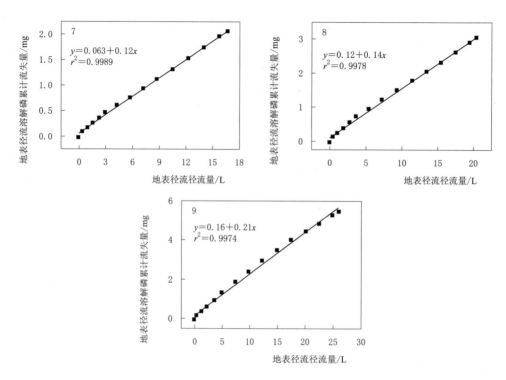

图 3.7（二）　地表径流中溶解磷流失量与径流量线性拟合图

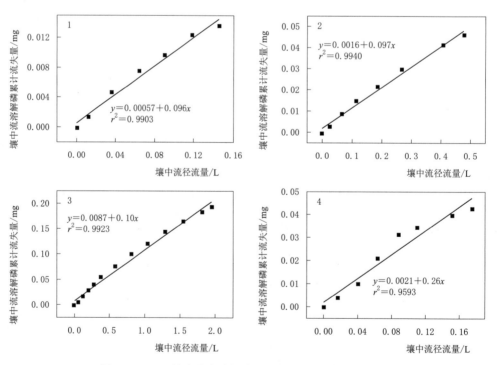

图 3.8（一）　壤中流中溶解磷流失量与径流量线性拟合图

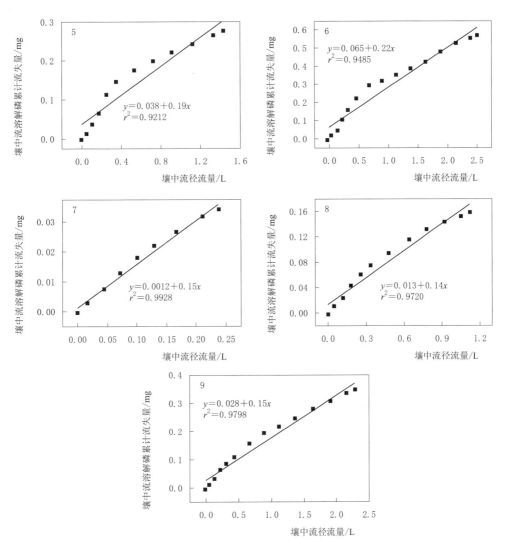

图 3.8(二) 壤中流中溶解磷流失量与径流量线性拟合图

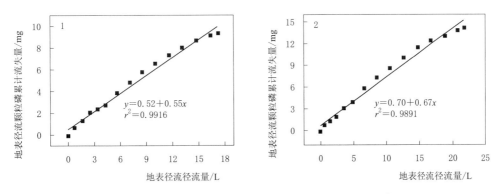

图 3.9(一) 地表径流中颗粒磷流失量与径流量线性拟合图

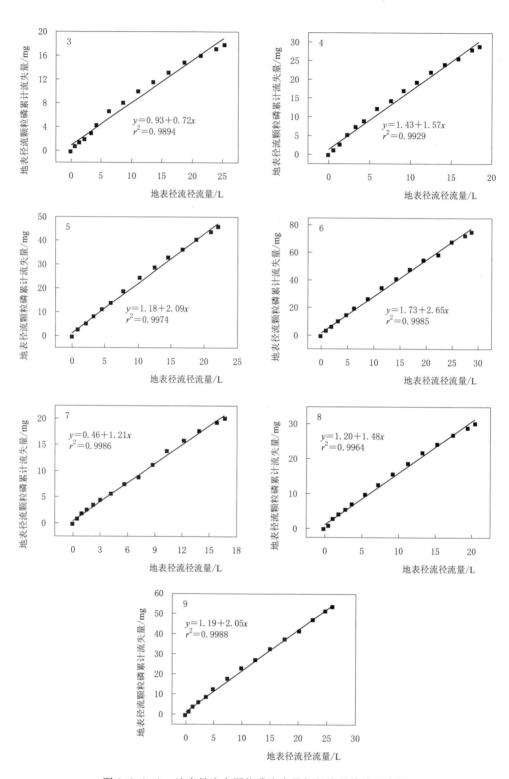

图 3.9（二）　地表径流中颗粒磷流失量与径流量线性拟合图

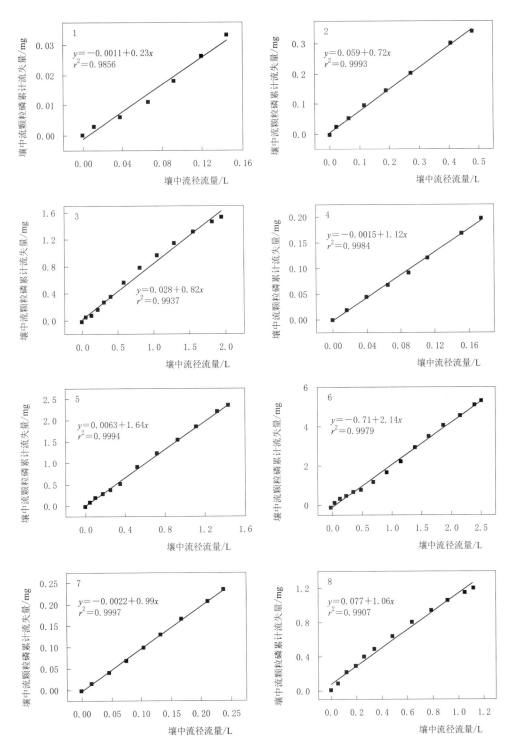

图 3.10（一）　壤中流中颗粒磷流失量与径流量线性拟合图

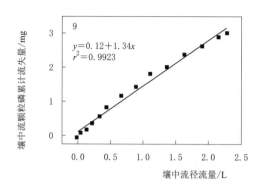

图 3.10（二）　壤中流中颗粒磷流失量与径流量线性拟合图

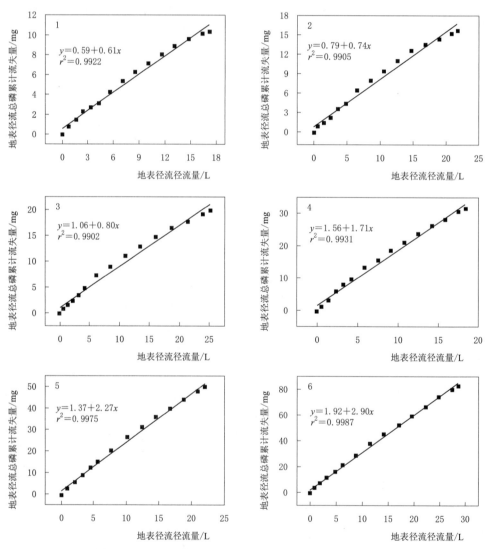

图 3.11（一）　地表径流中总磷流失量与径流量线性拟合图

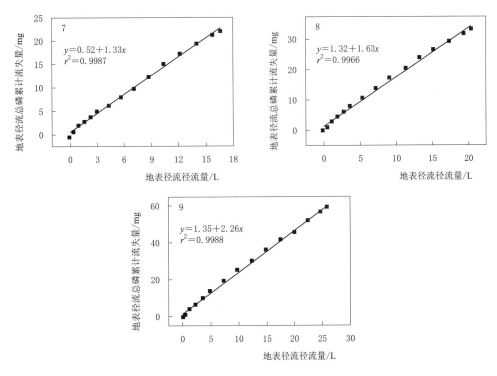

图 3.11（二） 地表径流中总磷流失量与径流量线性拟合图

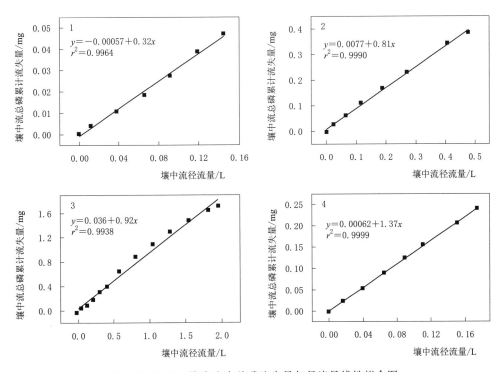

图 3.12（一） 壤中流中总磷流失量与径流量线性拟合图

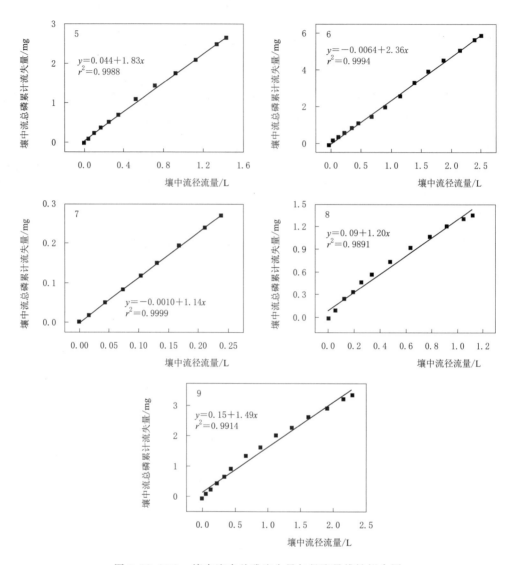

图 3.12（二）　壤中流中总磷流失量与径流量线性拟合图

模拟降雨条件下农田地表径流与壤中流中 TDP、TPP 和 TP 的累计流失量与径流量呈现显著的线性关系（$r^2 > 0.92$，$P < 0.05$）。在地表径流中不同形态的磷素流失量与径流量的拟合优度表现为 TDP＞TP＞TPP，壤中流中表现为 TP＞TPP＞TDP。在同一土槽中，TPP 流失量与径流量拟合方程的回归系数（$b$，$y = a + bx$）是 TDP 流失量与径流量的 5.25～1729 倍，TPP 相较于 TDP 更易受到径流量的影响。对于不同径流而言，地表径流中 TDP、TPP 和 TP 的流失量与径流量的拟合优度最小值为 0.9891，壤中流则为 0.9212，综合对比之下表现为地表径流＞壤中流。

通过表 3.2 整体上可以看出在相同降雨强度下 CF 的磷素流失量与径流量的拟合方程回归系数大于 OF。CK、CF 和 OF 处理下的地表径流 TDP 流失量与径流量的拟合方程的平均回归系数分别为 0.010、0.017 和 0.11，TPP 流失量与径流量为 0.72、1.45 和 0.95，

其结果表现为 $b_{CF}>b_{OF}>b_{CK}$；壤中流中 TDP 流失量与径流量的拟合方程的平均回归系数分别为 0.004、0.04 和 0.01，TPP 流失量与径流量为 0.59、1.63 和 1.13，回归系数的大小关系与地表径流表现一致，说明地表径流和壤中流中磷素损失量与单位面积施氮量之间存在密切的关系。

## 3.3 外界因素与氮流失量的相关分析与回归模型

### 3.3.1 相关分析

为了进一步分析降雨强度、施肥量和径流量对氮磷流失的影响，本次试验采用 IBM SPSS 25 进行相关分析，见表 3.3，研究地表径流和壤中流中 AN、NN、DN 流失量与降雨强度、施肥量、径流量的相关性。施肥量与地表径流中的 AN、NN 和 DN 流失量在 0.01 水平上呈现显著相关，其相关系数分别为 0.833、0.877 和 0.877，由于 NN 是 DN 流失的主要成分，占比超过 95%，因此 DN 相关分析的结果与 NN 接近。对于地表径流而言，径流中 AN、NN、DN 的流失量均与施肥量达到极显著相关水平，且 3 种形态的氮素与径流量的相关性表现为 NN>DN>AN。各自从 AN、NN 和 DN 的角度来看，3 种影响因素与不同形态氮素流失量的相关性表现为施肥量>径流量>降雨强度。就降雨强度单一因素而言，地表径流中 AN、NN、DN 的相关系数分别为 0.485、0.365 和 0.369，相关性表现为 AN>DN>NN；径流量与地表径流中不同形态氮素的相关性大小关系与降雨强度一致，相关系数分别为 0.638、0.535 和 0.539。这说明在地表径流中施肥量是影响 AN、NN 和 DN 流失的主要因素，其对 NN 最为明显；降雨强度、径流量对地表径流氮素流失的影响弱于施肥量，且降雨强度、径流量对 AN 的影响程度要高于 NN 和 DN。

表 3.3　　　　　　径流中氮素流失量与降雨强度、施肥量和径流量的相关性

| 影响因素 | 地　表　径　流 | | | 壤　中　流 | | |
|---|---|---|---|---|---|---|
| | AN | NN | DN | AN | NN | DN |
| 降雨强度 | 0.485 | 0.365 | 0.369 | 0.659 | 0.687* | 0.688* |
| 施肥量 | 0.833** | 0.877** | 0.877** | 0.481 | 0.590 | 0.587 |
| 径流量 | 0.638 | 0.535 | 0.539 | 0.786* | 0.847** | 0.847** |

注　　** 在 0.01 级别（双尾），相关性显著。
　　　* 在 0.05 级别（双尾），相关性显著。

在壤中流中，径流量与 NN、DN 在 0.01 的水平上显著相关，其相关系数分别为 0.847 和 0.847，径流量与 AN 在 0.05 的水平上呈现显著相关，其相关系数为 0.786，说明壤中流径流量和壤中流中 NN、DN 的流失量呈现极显著相关，与 AN 流失量呈现显著相关。同时降雨强度和 NN、DN 的相关系数分别为 0.687 和 0.688，在 0.05 的水平上呈现显著相关。对于单一因素，降雨强度对不同形态氮素的相关性表现为 DN>NN>AN，径流量则表现为 NN>DN>AN。相较于地表径流氮素的流失，施肥量对于壤中流的影响较小，相关系数分别为 0.481、0.590 和 0.587。该结果说明在壤中流中，径流量是影响氮素流失的主要因素，尤其 NN 和 DN，同时降雨强度对 NN、DN 的流失也具有一定的影响；降雨强度对 AN 以及施肥量对壤中流氮素的相关性不大。

### 3.3.2　回归模型

将该次试验多个土槽箱的实测数据采用统计分析软件 IBM SPSS 25 进行回归分析，得到如表 3.4 的回归模型 $L_1 \sim L_6$。地表径流中 AN、NN 和 DN 的回归模型的相关系数分别为 0.963、0.944 和 0.948，这表示降雨强度、施肥量和径流量可以解释地表径流氮素的 94% 以上的变化原因，且模型方差表明 $F$ 统计量对应的显著性 $P$ 值分别为 0.001、0.001 和 0.001，3 者均远小于 0.01，AN、NN 和 DN 的模型拟合度良好，说明 $L_1$、$L_2$ 和 $L_3$ 的回归模型整体是极显著的。对模型进行 $F$ 检验时模型通过（$F = 42.811$，$P = 0.001 < 0.01$；$F = 28.270$，$P = 0.001 < 0.01$；$F = 30.267$，$P = 0.001 < 0.01$），也说明降雨强度、施肥量、径流量中至少有一项会对地表径流中 AN、NN 和 DN 的流失量产生影响关系，降雨强度、施肥量、径流量和地表径流中 AN、NN 和 DN 的累计流失量的综合影响可以用线性方程准确的描述。

表 3.4　　　　径流中氮素流失量与降雨强度、施肥量、径流量的回归模型

| 径流 | 氮素类型 | 回　归　模　型 | $R^2$ | $F$ | 显著性 |
|---|---|---|---|---|---|
| 地表径流 | AN | $L_1 = -10.048 - 0.092I + 0.998N + 1.086V$ | 0.963 | 42.881 | 0.001 |
| | NN | $L_2 = -253.150 - 5.445I + 36.000N + 41.741V$ | 0.944 | 28.270 | 0.001 |
| | DN | $L_3 = -263.198 - 5.537I + 36.998N + 42.827V$ | 0.948 | 30.267 | 0.001 |
| 壤中流 | AN | $L_4 = 0.556 - 0.023I + 0.074N + 1.392V$ | 0.712 | 4.123 | 0.081 |
| | NN | $L_5 = 23.504 - 0.687I + 1.854N + 32.671V$ | 0.886 | 12.920 | 0.009 |
| | DN | $L_6 = 24.060 - 0.710I + 1.928N + 34.063V$ | 0.883 | 12.521 | 0.009 |

注　$L$ 为氮素总流失量，mg；$I$ 为降雨强度，mm/h；$N$ 为氮肥施用量，$kg/hm^2$；$V$ 为径流量，L。

壤中流中 AN、NN 和 DN 的回归模型的相关系数分别为 0.712、0.886、0.883，意味着降雨强度、施肥量和径流量可以解释壤中流氮素的 71% 以上的变化原因。模型方差表明 $F$ 统计量对应的显著性 $P$ 值分别为 0.081、0.009 和 0.009、NN 和 DN 回归模型的显著性小于 0.01，而 AN 回归模型的显著性大于 0.05，说明壤中流中 NN 和 DN 回归模型整体具有良好的显著性，而 AN 回归模型不具有显著性。其中对 AN 的回归模型进行 $F$ 检验时发现模型未通过（$F = 4.123$，$P = 0.081 > 0.05$），也就说明降雨强度、施肥量和径流量并不会对 AN 流失产生影响关系，即不能具体分析自变量对于因变量的影响关系。对 NN 和 DN 的回归模型进行 $F$ 检验时模型通过（$F = 12.920$，$P = 0.009 < 0.01$；$F = 12.521$，$P = 0.009 < 0.01$），也说明降雨强度、施肥量、径流量中至少有一项会对壤中流中 NN 和 DN 的流失量产生影响关系，3 者对壤中流中 NN 和 DN 累计流失量的综合影响可以用线性方程准确的描述。

## 3.4　外界因素与磷流失量的相关分析与回归模型

### 3.4.1　相关分析

表 3.5 是地表径流和壤中流中 TDP、TPP 和 TP 流失量与降雨强度、施肥量、径流量之间的相关性分析结果。在地表径流中，就整体而言，3 种外界因素对磷素流失量的相

关性表现为径流量＞施肥量＞降雨强度。施肥量、径流量均与 TDP、TPP、TP 流失量在 0.05 水平上呈现显著相关，其中施肥量与磷素流失量的相关系数大小关系为 TPP＞TP＞TDP，而施肥量与磷素流失量的相关系数大小关系为 TDP＞TP＞TPP，说明在地表径流中施肥量和径流量是影响磷素流失的主要因素，其中施肥量对地表径流 TPP 流失的影响较大，径流量对地表径流 TDP 流失的影响较大。

表 3.5　　　　径流中磷素流失量与降雨强度、施肥量和径流量的相关性

| 影响因素 | 地　表　径　流 | | | 壤　中　流 | | |
|---|---|---|---|---|---|---|
| | TDP | TPP | TP | TDP | TPP | TP |
| 降雨强度 | 0.647 | 0.591 | 0.596 | 0.795* | 0.780* | 0.782* |
| 施肥量 | 0.674* | 0.730* | 0.725* | 0.483 | 0.477 | 0.478 |
| 径流量 | 0.775* | 0.731* | 0.735* | 0.919** | 0.905** | 0.906** |

注　　**在 0.01 级别（双尾），相关性显著。
　　　*在 0.05 级别（双尾），相关性显著。

在壤中流中，就整体而言，3 种外界因素对磷素流失量的相关性表现为径流量＞降雨强度＞施肥量。施肥量与 TDP、TPP 和 TP 流失量在 0.05 水平上呈现显著相关，其相关系数分别为 0.795、0.780 和 0.782，大小关系表现为 TDP＞TP＞TPP；径流量与 TDP、TPP 和 TP 流失量在 0.01 水平上呈现极显著正相关，其相关系数分别为 0.919、0.905 和 0.906，大小关系表现为 TDP＞TP＞TPP，这说明在壤中流中降雨强度和径流量是影响磷素流失的主要因素，且均对 TDP 流失的影响程度最大。

### 3.4.2　回归模型

表 3.6 是径流中磷素流失量与降雨强度、施肥量、径流量的回归模型 $L_7 \sim L_{12}$。地表径流中 TDP、TPP 和 TP 的回归模型的相关系数分别为 0.924、0.936 和 0.935，这表示降雨强度、施肥量和径流量可以解释地表径流氮素的 92% 以上的变化原因，且模型方差表明 F 统计量对应的显著性 P 值分别为 0.003、0.002 和 0.002，三者均远小于 0.01，则 $L_7$、$L_8$ 和 $L_9$ 的模型拟合度良好，说明地表径流中磷素的回归模型整体是极显著的。对模型进行 F 检验时模型通过（$F=20.307$，$P=0.003<0.01$；$F=24.339$，$P=0.002<0.01$；$F=23.996$，$P=0.002<0.01$），也说明降雨强度、施肥量、径流量中至少有一项会对地表径流中 TDP、TPP 和 TP 的流失量产生影响关系，降雨强度、施肥量、径流量对地表径流中 TDP、TPP 和 TP 的累计流失量的综合影响可以用线性方程准确的描述。

表 3.6　　　　径流中磷素流失量与降雨强度、施肥量、径流量的回归模型

| 径流 | 磷素类型 | 回　归　模　型 | $R^2$ | F | 显著性 |
|---|---|---|---|---|---|
| 地表径流 | TDP | $L_7=-6.332-0.033I+0.358N+0.487V$ | 0.924 | 20.307 | 0.003 |
| | TPP | $L_8=-64.568-0.455I+4.078N+5.238V$ | 0.936 | 24.339 | 0.002 |
| | TP | $L_9=-70.899-0.489I+4.435N+5.725V$ | 0.935 | 23.996 | 0.002 |
| 壤中流 | TDP | $L_{10}=0.085-0.003I+0.013N+0.223V$ | 0.919 | 18.889 | 0.004 |
| | TPP | $L_{11}=0.853-0.030I+0.113N+2.118V$ | 0.893 | 13.888 | 0.007 |
| | TP | $L_{12}=0.938-0.033I+0.126N+2.340V$ | 0.896 | 14.291 | 0.007 |

注　L 为磷素总流失量，mg；I 为降雨强度，mm/h；N 为磷肥施用量，kg/hm²；V 为径流量，L。

壤中流中 TDP、TPP 和 TP 的回归模型的相关系数分别为 0.919、0.893、0.896，意味着降雨强度、施肥量和径流量可以解释壤中流氮素的 89% 以上的变化原因。模型方差表明 $F$ 统计量对应的显著性 $P$ 值分别为 0.004、0.007 和 0.007，三者均远小于 0.01，则 $L_{10}$、$L_{11}$ 和 $L_{12}$ 的模型拟合度良好，说明壤中流中 TDP、TPP 和 TP 的回归模型整体具有良好的显著性。对 TDP、TPP 和 TP 的回归模型进行 $F$ 检验时模型通过（$F=18.889$，$P=0.004<0.01$；$F=13.888$，$P=0.007<0.01$；$F=14.291$，$P=0.007<0.01$），也说明降雨强度、施肥量、径流量中至少有一项会对壤中流中 TDP、TPP 和 TP 的流失量产生影响关系，3 者对壤中流中 TDP、TPP 和 TP 的累计流失量的综合影响可以用线性方程准确的描述。

## 3.5　本章小结

（1）模拟降雨条件下农田地表径流、壤中流中 AN、NN 和 DN 的累计流失量与径流量呈现显著的线性关系（$r^2>0.92$，$P<0.05$）。同时，相同降雨强度下 CF 的流失量与径流量拟合方程回归系数大于 OF。在同一土槽中 NN 流失量与径流量拟合方程的回归系数是 AN 流失量与径流量的 7.55～88.99 倍，NN 相较于 AN 更易受到径流量的影响。地表径流和壤中流中的 DN 流失量对径流量的敏感度不同，地表径流中氮素的流失更易受到径流量大小的影响。

（2）模拟降雨条件下农田地表径流、壤中流中 TDP、TPP 和 TP 的累计流失量与径流量呈现显著的线性关系（$r^2>0.92$，$P<0.05$）。在地表径流中不同形态的磷素流失量与径流量的拟合优度表现为 TDP>TP>TPP，壤中流中表现为 TP>TPP>TDP。在相同降雨强度下 CF 的磷素流失量与径流量的拟合方程回归系数大于 OF。同一土槽中 TPP 流失量与径流量拟合方程的回归系数是 TDP 流失量与径流量的 5.25～1729 倍，TPP 相较于 TDP 更易受到径流量的影响。

（3）施肥量是影响地表径流中溶解氮流失的主要因素，径流量与降雨强度是影响壤中流中溶解氮流失的主要因素。在地表径流中，施肥量与氮素流失量在 0.01 水平上呈现极显著正相关；在壤中流中，径流量与 NN、DN 流失量在 0.01 水平上呈现极显著正相关，降雨强度与 NN、DN 流失量以及径流量与 AN 流失量在 0.05 水平上呈现显著正相关。整体来看，地表径流中 3 种影响因素与不同形态氮素流失量的相关性表现为施肥量>径流量>降雨强度；壤中流中相关性表现为径流量>降雨强度>施肥量。回归模型结果表示降雨强度、施肥量、径流量对农田氮素流失量的综合影响可以用线性方程准确的描述。

（4）径流量和施肥量是影响地表径流中总磷流失的主要因素，径流量与降雨强度是影响壤中流中总磷流失的主要因素。在地表径流中，施肥量与磷素流失量在 0.05 水平上呈现显著正相关；在壤中流中，径流量与磷素流失量在 0.01 水平上呈现极显著正相关，降雨强度与磷素流失量在 0.05 水平上呈现显著正相关。整体来看，地表径流中 3 种影响因素与不同形态磷素流失量的相关性表现为径流量>施肥量>降雨强度；壤中流中相关性表现为径流量>降雨强度>施肥量。回归模型结果表示降雨强度、施肥量、径流量对农田磷素流失量的综合影响可以用线性方程准确的描述。

# 第4章 绿色营养盐吸附材料研发

基质是生物滞留池的重要组成部分之一，是制约氮磷削减效果的核心要素。在文献综述的基础上，通过建立多准则决策材料选择方法，进行吸附材料的选择。通过选取砂壤土、木屑、陶粒、轮胎颗粒、石灰石等5种材料，进行等温吸附试验，形成8组材料组合。通过摇床试验选择出2种最佳组合作为滞留池基质。通过试验得出基质对TN、TP等污染指标的饱和吸附量，并计算在径流污染物条件下基质达到饱和吸附量的时间，表征基质吸附不同污染物的使用寿命。通过过滤柱试验研究基质对营养盐的吸附效果，并对基质装填高度进行优化；通过对比试验探讨滞留池运行初期微生物在污染物削减过程中发挥的作用。

## 4.1 材料选择指标体系构建

吸附法具有处理效率高、操作简便和运行费用低等特点，可有效防止水体富营养化，提高出水水质[180]。随着海绵城市建设的日益兴起，生物滞留池受到了越来越多的应用和关注。基质作为滞留池的重要组成部分，在工程实践中，经常要进行吸附材料的选择。吸附材料的选择实际上是一个综合决策的过程，要综合考虑材料物理特性、对污染物吸附性能、价格、获取难易程度、处理工艺对环境的影响等因素。目前，常用的材料选择方法，如灰色局势决策方法[181]、模糊综合决策方法[182]、神经网络方法[183]等，这些方法多应用在机械、制造、计算机等方面，应用于污水处理基质方面的材料选择方法研究较为少见。

多准则决策分析（Multi-criteria decision analysis，MCDA）是一种定性和定量相结合的决策支持工具，指在考虑多重因素、多重标准的前提下，通过定性与定量相结合，对一系列复杂的问题进行分析、评价和决策的方法。当决策者面对由多个准则描述的若干对象（方案）并需要做出某种决策时，MCDA旨在辅助决策者筹备并制订决策，具体而言，MCDA的目标是解决下列几类问题：

（1）分类或分级：将一个对象集合指定到预先定义的类集合中，其中分类问题的决策类别没有优劣顺序，而分级问题的类别具有优劣顺序。

（2）选择：从对象集合中挑选出最优的对象。

（3）排序：将对象从最优到最劣按顺序排列。

（4）描述：识别出对象的主要区分特征，并根据这些特征描述对象[184]。

由于MCDA方法原理简单，方便实用且能系统地解决问题，在实务界和理论界引起强烈关注，并广泛应用于不同领域，如规划、预测、企业策略、财务管理、生产管理等，云计算[185]、企业决策、填埋场选址[186]、地下水潜力和补给制图、可持续性能源规划[187]，近年来，MCDA方法也逐渐被应用于氮磷吸附基质选择中来，如Hsieh和Davis[107]使用多准则决策方法选择应用于暴雨径流生物滞留池基质，主要考虑氮磷吸附效率、对环境的额外影响、在佛罗里达州的获取情况、价格等原则；Chang 等[188]应用于化粪池地下排放营养物质吸附，考虑费效比、可靠性、使用寿命、吸附特性等。上述研究主要考虑材料应用于当地和城市，针对我国氮磷吸附材料的选择方法研究，特别是关注农村应用的较为少见。

本节将基于层次分析的多准则决策法应用于材料选择问题，建立了适用于农村暴雨径流中氮磷吸附材料选择的指标体系。通过此方法，初步筛选绿色氮磷吸附材料，并进行等温吸附试验和摇床试验。

### 4.1.1　评价指标体系构建

首先，分析研究区域水环境特征和主要污染物，确定材料选取的目标。其次，通过查阅大量文献资料和相关数据确立材料选取的准则和评价指标。最后，选取基于层次分析的多准则决策法和专家打分法确定权重并构建适用于地表径流氮磷吸附材料选取的评价指标体系。该体系分为目标层、准则层和指标层。

（1）目标层 A。目标层为地表径流氮磷吸附材料选取。

（2）准则层 B。为实现吸附材料选取目标，主要依据材料对氮磷吸附性能、经济性、环境效益、其他物化特性共 4 个准则层，即吸附性能层（B1）、经济性能层（B2）、环境效益层（B3）、其他物化特性层（B4）。

（3）指标层 C。指标层是构成吸附材料选择方法体系的基础，指标层中的指标通常能够直接度量，表征系统层的特征和意义。吸附性能层（B1）包含吸附容量（C11）、吸附速度（C12）、吸附选择性（C13）、抗其他离子干扰能力（C14）；经济性能层（B2）包括价格（C21）、当地获取难易程度（C22）、再生价格（C23）；环境效益层（B3）包括对氮磷以外的其他污染物如有机物、重金属等的吸附能力（C31）、是否绿色材料（废物循环利用）（C32）、有害物溶出情况（C33）；其他物化特性层（B4），包含材料渗透性（C41）、化学稳定性（C42）。

评价指标体系见表 4.1。

表 4.1　　　　　　　　　　吸附材料选择方法的指标体系

| 目标层 A | 准则层 B | 指　标　层　C |
|---|---|---|
| 地表径流氮磷吸附材料选取（A） | 吸附性能（B1） | 吸附容量（C11） |
| | | 吸附速度（C12） |
| | | 吸附选择性（C13） |
| | | 抗其他离子干扰能力（C14） |
| | 经济性能（B2） | 价格（C21） |
| | | 当地获取难易程度（C22） |
| | | 再生价格（C23） |
| | 环境效益（B3） | 对氮磷以外的其他污染物如有机物、重金属等的吸附能力（C31） |
| | | 是否绿色材料（废物循环利用）（C32） |
| | | 有害物溶出情况（C33） |
| | 其他物化特性（B4） | 材料渗透性（C41） |
| | | 化学稳定性（C42） |

### 4.1.2　指标权重与赋分

采用专家打分法，确定评价方法指标权重。

本部分研究的主要目标是研发适用于生物滞留塘的基质，应用于重庆汉丰湖流域头道河上游山区，解决该区域分散排水中氮磷污染问题，并为基质应用于类似区域提供技术参考。因此，基质研发以当地砂壤土为主要材料，添加不同的材料强化氮磷吸附性能，替代滞留池常规应用的砂壤土。

从以上研究目标出发，本研究选取材料方法各部分的权重和指标确定如下：

（1）吸附性能权重为 25%。由于本研究产出的基质将应用于滞留池，作为生活污水和雨水径流深度处理的吸附材料，吸附速率、抗其他离子干扰和吸附选择性方面需求低，故，吸附性能方面主要考察材料对氮、磷的吸附容量（C11）。

（2）经济性能权重 40%。研发的基质应用于农村，经济水平相对低，材料的经济性能是材料选择的重点，所占比例最大（达到了 40%）。材料的价格（C21）和在当地的获取难易程度（C22）是材料农村应用的主要瓶颈，分别占经济性能指标的 50%，综合考虑实际需求和经济性，不考虑材料的再生性能。

（3）环境效益权重 20%。包含材料对氮磷以外的污染物（如有机物、重金属等）的吸附去除能力（C31）和材料本身是否为废物再生利用的绿色材料（C32），分别占环境效益性能的 50%。由于研发的材料组合作为污水与雨水径流处理系统的末端，溶出有害物质将直接进入水体，本研究中不考虑使用溶出有害物质的材料。

（4）其他物化特性权重 15%。本着农村应用易维护、易操作的原则，将选用稳定性好的材料，故仅以材料的渗透性（C41）作为衡量选用材料其他物化特性的指标。生物滞留池内介质的渗透性对于系统的处理效果发挥至关重要的作用。一方面要保证径流能被快速排走，另一方面还要有充足的停留时间保证处理效果和支持植物生长[189]。

分别以不同材料对氮和磷的吸附容量、材料价格和获取难易程度、材料对氮磷以外的污染物的吸附去除能力、渗透性能，按照极好、好、一般、差、很差 5 个层次，分别赋予 5 分、4 分、3 分、2 分、1 分；材料本身是否为绿色材料，按照"是"给予 5 分，"否"给予 1 分赋值。

### 4.1.3　材料选择

随着生物滞留池的广泛应用，土壤中增加材料作为基质被认为是可行的强化氮磷营养盐的去除的方法，由于其良好的去除效果和可操作性，得到越来越多的应用。本研究结合文献调研结果[190-197]，利用建立的吸附材料选择指标及赋分体系，选择砂壤土、木屑、轮胎颗粒、石灰石、陶粒进行吸附性能试验。

## 4.2　试验条件与方法

### 4.2.1　吸附原材料

选用砂壤土、木屑、陶粒、轮胎颗粒、石灰石等 5 种材料开展滞留池基质研发。砂壤土就地取材于重庆开州区汉丰湖流域支流头道河上游应用研究区域，木屑来自重庆开州区当地木材加工厂，轮胎颗粒由废旧轮胎磨碎制成，石灰石和陶粒购自开县当地某公司。上述材料购置后筛分，取用的材料粒径介于 10～120 目之间。5 种材料全部使用自来水清洗，经自然风干后备用。选用的材料实物如图 4.1 所示。

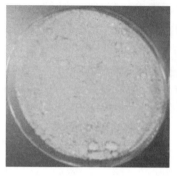

砂壤土　　　　　　　　　　轮胎颗粒　　　　　　　　　　　木屑

石灰石　　　　　　　　　　　陶粒

图 4.1　滞留池基质研发试验原材料

选用的基质材料简介如下：

1. 砂壤土

砂壤土是指砂质土壤，具有粒径小、比表面积大的特点，具有较强的吸附性能，是非常常见的一种天然吸附材料。同时，砂壤土还可以为微生物提供适宜生存的生境条件，有利于污染物的去除。

2. 木屑

木屑作为工农业生产的副产品，在废物资源利用的趋势下，其应用研究被日益关注。木屑对水中的重金属、营养盐、油类有机物均具有显著吸附效果。木屑堆积并压实，可以形成发达的孔隙结构，对水中的污染物起到阻留的作用[198]。木屑中的成分主要有纤维素、木质素和很多的羟基基团。木质素具有很强的吸附能力，很大程度上是由于多元酚等表面官能团和离子交换的作用。金属离子与羟基基团中的羟基酚发生离子交换，生成作为金属吸附剂的螯合物，吸附金属离子[199]。Yasemin 等研究不同温度下木屑对水中金属离子的去除效果，得出去除效果为 $Pb^{2+} \approx Cd^{2+} > Ni^{2+}$[200]。另外，木屑作为天然碳源，可作为生物反硝化作用的电子供体[201]，能够高效、经济地补给碳源，可以解决微生物反应过程碳源不足的问题。

3. 轮胎颗粒

随着汽车产业的发展，大量的废旧轮胎不能被及时处理，导致大量的废旧橡胶轮胎随意堆放，造成"黑色污染"。橡胶制品内一般加入了无机、有机配合剂以提高综合性能，使其具有很强的力学性能，能够耐腐蚀、抗氧化、耐降解等[202]。无论是采用填埋处理还是焚烧处理，都会对土壤和大气环境造成污染。出于废物利用与环境保护的方面考虑，人们逐渐开始将废旧轮胎废物利用为燃料、胶粉、再生胶等[203]。

橡胶轮胎报废后，不能恢复成新轮胎继续使用，将其拆分后将其中的炭黑、胶粉、钢丝等成分经过处理，作为有用的材料使用。轮胎颗粒用于污水处理吸附材料，是废旧轮胎再利用的有效途径。轮胎颗粒的主要成分是生胶和炭黑，其中炭黑具有炭质材料的吸附性质，且轮胎颗粒表面粗糙多孔，内部孔隙多，其对污水中的营养盐、苯酚、金属离子均具有很好的吸附效果[204]。

国外有学者[205-206]研究表明，轮胎颗粒中的炭黑会促进吸附剂的物理吸附作用，少量的硬脂酸可作为金属离子的交换剂，通过界面化学沉淀可去除磷酸盐（$PO_4^{3-}$）等阴离子污染物。Wang 等[207]研究了超声波作用下，轮胎颗粒吸附去除水中重金属 $Cr^{3+}$，利用超声波改变轮胎颗粒内部孔隙的分布情况，并探讨了对吸附效果产生的影响。

4. 石灰石

石灰石广泛存在于自然界中，普遍用于建筑材料，在水处理中，经常用作人工湿地的基质。石灰石中存在大量钙离子，钙离子与磷酸根发生化学共沉淀，从而对水中的磷有较好的去除效果[208]。

5. 陶粒

污水处理过程会产生大量污泥，污泥的处理方式目前主要是干化填埋，但会对环境造成二次污染[209]。因此，污泥处理处置已经成为环境污染控制中亟须解决的问题。近年来，有使用污泥造粒，高温煅烧后制成具有较高孔隙率的陶粒。将陶粒用于污水处理中，不仅解决了污泥的处理问题，也对滞留池基质的研究有着促进作用[210]。污泥陶粒中具有多种金属离子（尤其是铁、铝离子），对水中的磷具有较高的去除率[211-212]。另外，污泥陶粒中具有一定量的有机物，再加上陶粒本身的多孔特性，可为微生物附着生长提供有利条件。

## 4.2.2 试验装置和药品

### 4.2.2.1 过滤柱试验装置

共设置 3 个过滤柱模拟装置，柱体由透明有机玻璃制成，内部直径 15cm，高 180cm，分为上下两部分，经由法兰连接。底部设 10cm 清水室，其上为包裹尼龙网的开孔 PVC 板，起承托基质的作用。基质装填高度为 90cm，为了便于调节出水流速，上层水深最大 70cm。由进水箱通过蠕动泵输水至反应器。共设 5 处取样口，对应基质高度分别为 30cm、45cm、60cm、75cm、90cm（同时为出水口）。过滤柱试验全部在室内进行，试验过程中基质不栽种植物。过滤柱实验装置示意图和实物图分别如图 4.2 和图 4.3 所示。

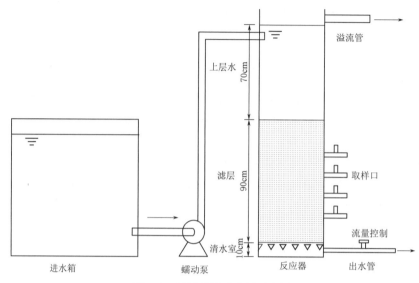

图 4.2　过滤柱试验装置示意图

#### 4.2.2.2　仪器设备

（1）美国 Hach 公司的分光光度计 DR5000 和 DR2800。

（2）THZ‐98 恒温振荡器。

（3）HY‐6A 数显双层调速多用振荡器。

（4）DGF25012C 电热鼓风干燥箱。

（5）YSI 多参数水质测量仪。

（6）蠕动泵（保定兰格恒流泵有限公司）。

（7）电热恒温水浴锅（北京中兴伟业仪器有限公司）。

（8）高压锅（合肥华泰医疗设备有限公司）。

（9）电子分析天平（美国丹佛仪器公司）。

（10）$0.45\mu m$ 水系滤膜。

（11）250mL/500mL 锥形瓶。

图 4.3　过滤柱试验装置实物图

#### 4.2.3　试验用水

试验用水使用自来水和优级纯试剂配制，试剂包括氯化铵、硝酸钾、磷酸氢二钾等。据现场监测及文献调研[213-216]，配制的试验用水（进水）水质情况如下：$\rho(COD_{Cr})$ 为 $3.4\sim10.7mg/L$，$\rho(NH_3-N)$ 为 $1.61\sim5.15mg/L$，$\rho(NO_3-N)$ 为 $4.66\sim11.15mg/L$，$\rho(TN)$ 为 $9.05\sim16.88mg/L$，$\rho(TP)$ 为 $0.371\sim1.567mg/L$。

#### 4.2.4　检测分析方法

DO 值、pH 值、水温，使用 YSI（型号 PRO plus）便携式水质分析仪检测；$NH_3-N$ 采用纳氏比色法、$NO_3-N$ 采用紫外分光光度法、TN 采用碱性过硫酸钾分光光度法、TP

采用钼锑抗分光光度法、$COD_{Cr}$采用 HACH 快速密闭式催化消解法。试验中采用的指标分析方法和来源见表 4.2。

表 4.2 分析指标和方法

| 序 号 | 项 目 | 分 析 方 法 | 方法来源 |
|---|---|---|---|
| 1 | pH 值 | 便携式水质分析仪 | GB 6920—1986 |
| 2 | DO 值 | 便携式水质分析仪 | HJ 506—2009 |
| 3 | 温度 | YSI 多参数水质测量仪 | SL 78—1994 |
| 4 | $NH_3 - N$ | 纳氏试剂分光光度法 | HACH 标准方法 |
| 5 | $NO_3 - N$ | 紫外分光光度法 | SL 84—1994 |
| 6 | 总磷 | 钼酸铵分光光度法 | GB 11893—1989 |
| 7 | 总氮 | 碱性过硫酸钾消解紫外分光光度法 | GB 11894—1989 |
| 8 | 正磷酸盐 | phos Ver3（Ascorbic Acid）方法 | HACH 标准方法 |
| 9 | $COD_{Mn}$ | 滴定法 | GB 11892—1989 |

### 4.2.5 试验方法

#### 4.2.5.1 单一材料等温吸附试验

取砂壤土、木屑、陶粒、轮胎颗粒、石灰石等 5 种材料各 5g 置于 7 个 250mL 锥形瓶中，每个锥形瓶中溶液体积为 200mL，其中 $NH_3 - N$ 浓度为 5mg/L、10mg/L、20mg/L、50mg/L、100mg/L、200mg/L、500mg/L，$NO_3 - N$ 浓度为 10mg/L、20mg/L、50mg/L、100mg/L、200mg/L、500mg/L、1000mg/L，总磷浓度为 2mg/L、5mg/L、10mg/L、20mg/L、50mg/L、100mg/L、200mg/L。温度设置为 25℃，搅拌速度设置为 125r/min，恒温振荡 24h 后，检测水中的 $NH_3 - N$、$NO_3 - N$、TP 浓度。

#### 4.2.5.2 摇床试验

以砂壤土为主要过滤材料，从构成相对简单的组合开始，逐渐增加滤料的种类，考察不同滤料组合对正磷酸盐、TP、$NH_3 - N$、TN 的去除效果。形成了 8 组材料组合（具体各材料比例见表 4.3），进行摇床试验，进一步选取适宜的吸附材料组合，作为过滤柱试验的基质，如图 4.4 所示。

表 4.3 滤料组合设置

| 序 号 | 滤料配比设置（重量比） | 备 注 |
|---|---|---|
| 1 | 100%砂壤土 | 对比控制作用 |
| 2 | 50%砂壤土，50%轮胎颗粒 | 考察轮胎颗粒的效果 |
| 3 | 50%砂壤土，50%锯末 | 考察锯末的效果 |
| 4 | 50%砂壤土，30%锯末，20%轮胎颗粒 | 考察轮胎颗粒的效果 |
| 5 | 50%砂壤土，30%锯末，10%轮胎颗粒，10%石灰石 | 考察轮胎颗粒和石灰石的效果 |
| 6 | 50%砂壤土，30%锯末，10%轮胎颗粒，10%陶粒 | 考察轮胎颗粒和陶粒的效果 |
| 7 | 50%砂壤土，30%锯末，10%陶粒，10%石灰石 | 考察陶粒和石灰石的效果 |
| 8 | 50%砂壤土，20%锯末，10%轮胎颗粒，10%石灰石，10%陶粒 | 考察轮胎颗粒、石灰石和陶粒的效果 |

图 4.4　不同滤料组合试验过程

使用 500mL 锥形瓶开展摇床试验，每个锥形瓶中使用试验用水 250mL，添加材料 30g。由于摇床试验过程中滤料对营养盐的吸附和释放是持续的，根据前期试验结果，上述材料对 TP、TN、$NH_3$ - N 在 48h 内全部可以达到平衡，所以取样时间设置为 1h、6h、12h、24h、48h。

摇床试验步骤如下：配置试验用水，取 250mL 的试验用水至 500mL 的锥形瓶中。按照配比，取 30g 每种滤料组合至试验用水中。将装好试验用水和滤料的锥形瓶放在摇床上开始试验，温度为 23℃±1℃，摇床转速为 125r/min，在 1h、6h、12h、24h、48h 时分别取样。水样经过 $0.45\mu m$ 玻璃纤维滤膜过滤后，分别检测 TP、TN、$NH_3$ - N 浓度。

### 4.2.5.3　污染物去除效果及参数优化试验

根据摇床试验结果，选择氮磷去除效果最好的材料组合，分别记为基质 ♯1 和基质 ♯2，以砂壤土作为空白对照（记为 ♯3）。轮胎颗粒对 TP 吸附性强[217]，木屑作为补充碳源，陶粒对 TN 吸附性[201]，有助于去除氮磷营养盐。

各反应器编号、材料配比、装填量等见表 4.4。各种材料按比例混合均匀后装入反应器。

表 4.4　　　　　　　　　　　基 质 组 成 及 特 性

| 反应器编号 | 基质（质量比） | 质 量/kg | | | |
|---|---|---|---|---|---|
| | | 砂壤土 | 木屑 | 轮胎颗粒 | 石灰石 |
| ♯1 | 砂壤土：木屑：轮胎颗粒＝50%：30%：20% | 10.97 | 6.58 | 4.39 | |
| ♯2 | 砂壤土：木屑：轮胎颗粒：陶粒＝50%：30%：10%：10% | 11.29 | 6.77 | 2.26 | 2.26 |
| ♯3 | 砂壤土 | 12.56 | | | |

试验过程中，出水流量为 17.5mL/min，DO 浓度为 2.6～4.3mg/L，水温为 12.8～17.5℃，pH 为 7.56～7.95。

本试验分两个阶段。第一阶段为氮、磷营养盐去除效果试验，每 2d 采样一次，采样点为原水以及♯1～♯3 反应器底部出水口出水，分析讨论 TN、$NO_3-N$、$NH_3-N$、TP 随时间的变化，运行 35d；第二阶段为基质高度优化试验，每 2d 采样一次，采样点为♯1 反应器原水以及不同高度出水（距基质顶层 30cm、45cm、60cm、75cm、90cm），分析讨论 TN、TP 随时间的变化，运行 27d。

#### 4.2.5.4 基质吸附容量试验

实际运行过程中，滞留池基质使用寿命受进水污染物浓度、基质吸附容量、植物和微生物作用等多种因素影响，确定基质实际使用寿命需要经过长期的运行监测和模拟计算，本部分研究只关注基质本身的吸附容量。

通过等温吸附试验，进行数值分析，得到基质对 $NH_3-N$、$NO_3-N$、TN、TP、OP 的等温吸附方程，计算得出对上述指标的饱和吸附量，进而根据基质拟应用所在地的降雨和污染物浓度，计算在径流污染物条件下基质达到饱和吸附量的时间，表征基质吸附不同污染物的使用寿命。

#### 4.2.5.5 运行初期营养盐主要去除方式分析试验

在滞留池系统中，污染物的去除是物理、化学、生物共同作用的结果，在长期运行中，微生物系统对污染物去除发挥重要作用。但在运行初期，微生物对污染物的去除能起多大作用尚不明确。针对以上问题，向进水中添加 $HgCl_2$ 抑制微生物活性，进行小型的过滤柱试验，分析基质对 $NH_3-N$、$NO_3-N$ 和 TP 的去除效果，与常规进水的过滤柱试验进行对比，从而明确在运行初期微生物对营养盐去除的作用。

反应器采用有机玻璃制成，高 30cm，直径 5cm，底部有 3cm 高清水室，使用打孔玻璃板与填料隔离，清水室底部设出水口。在基质装填完成后，上盖与柱体采用法兰胶圈连接并密封，进水口设置在上盖上。为了避免基质中微生物干扰，砂壤土、木屑、轮胎颗粒在 105℃烘干后使用。制备浓度为 2000mg/L 的 $HgCl_2$ 原液，试验过程中每升进水加入 9mL 原液，以抑制过滤柱中的硝化菌、反硝化菌和聚磷菌起作用。反应器共有 2 组，一组进水添加 $HgCl_2$ 原液，另一组不添加，作为空白对照。出水流速为 12mL/min，$\rho(DO)$ 为 3.5～4.6mg/L，水温为 15.8～19.5℃，pH 为 7.58～7.88。

由于 $HgCl_2$ 具有强烈的生物毒性，反应器及进出水全部密封，避免遗撒，并在试验结束后交专业危废处理单位处置。

## 4.3 结果与讨论

### 4.3.1 基质优选

本节先通过单一材料（砂壤土、木屑、轮胎颗粒、陶粒、石灰石）的等温吸附试验分析不同填料对 $NH_3-N$、$NO_3-N$、TP 等污染物的吸附特性，在此基础上，以砂壤土为基本材料，添加一定比例的木屑、轮胎颗粒、陶粒、石灰石等材料增强脱氮除磷效果，形成不同材料组合，而后通过摇床试验和过滤柱试验优选出氮磷去除效果明显的材料组合用作生物滞留池基质。

#### 4.3.1.1　单一材料吸附规律讨论

**1. 数据拟合方法**

吸附等温曲线是指在一定温度下溶质分子在两相界面上进行的吸附过程达到平衡时它们在两相中浓度之间的关系曲线。不同的吸附等温线可以用不同的吸附等温模型表征，各有其不同的机理与特点，目前使用最广泛的吸附等温模型为弗伦德里希（Freundlich）吸附等温模型和朗格缪尔（Langmuir）吸附等温模型。朗格缪尔吸附等温模型是单分子吸附模型，其等温方程式为

$$\frac{c_e}{q}=\frac{1}{q_m}c_e+\frac{1}{bq_m} \tag{4.1}$$

Freundlich 吸附等温式是介于单层分子与多层分子之间的经验吸附等温模型，其等温方程式为

$$\lg q=\frac{1}{n}\lg c_e+\lg K_f \tag{4.2}$$

式中：$c_e$ 为平衡时氮磷的质量浓度，mg/L；$q_m$ 为填料对氮磷的最大吸附量，mg/kg；$b$、$n$、$K_f$ 为常数。

Langmuir 和 Freundlich 两种模型中包含了许多参数，各参数表示的意义都不同，在 Langmuir 方程中，$q_m$ 表示理论饱和吸附量，$b$ 表示吸附结合能常数，$b$ 越大则表示填料和 $NH_3-N$ 之间的结合越强；而在 Freundlich 方程中，$K_f$ 表示填料对污染物吸附能力大小的常数，理论上来讲，$K_f$ 越大填料的吸附能力也越强。

**2. $NH_3-N$ 吸附等温模式**

砂壤土、石灰石、轮胎颗粒、木屑、陶粒等材料经过 48h 对不同浓度 $NH_3-N$ 恒温震荡后，所得到的吸附等温线如图 4.5 所示。

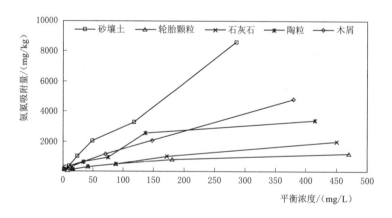

图 4.5　各填料对 $NH_3-N$ 的吸附等温曲线

由图 4.5 可以看出，5 种填料中砂壤土对 $NH_3-N$ 的吸附量最大，在 $NH_3-N$ 废水浓度低于 200mg/L 的条件下，陶粒和木屑对 $NH_3-N$ 的吸附量相差不大，在 $NH_3-N$ 废水浓度大于 200mg/L 的条件下，木屑对 $NH_3-N$ 的吸附量大于陶粒的吸附量。不同填料

对 $NH_3-N$ 吸附能力由强到弱排序，依次为：砂壤土＞木屑＞陶粒＞石灰石＞轮胎颗粒。从各填料的吸附等温曲线可得，砂壤土和木屑的吸附等温曲线的斜率较大，其余填料吸附过程中当平衡 $NH_3-N$ 的质量浓度小于 200mg/L 时，吸附等温曲线斜率较大，填料对 $NH_3-N$ 的吸附量迅速增加；$NH_3-N$ 的质量浓度在 200mg/L 以上时，曲线的斜率逐渐变小并逐渐趋于平衡。

根据 5 种填料对 $NH_3-N$ 的吸附等温线，进行数值分析，得到各填料对 $NH_3-N$ 的吸附等温方程各因子（表 4.5）。

表 4.5　　　　　　　　　各填料对 $NH_3-N$ 的吸附等温方程因子

| 填　　料 | Langmuir 模 型 | | | Freundlich 模 型 | | |
| --- | --- | --- | --- | --- | --- | --- |
| | $R^2$ | $q_m$/(mg/g) | $b$ | $R^2$ | $n$ | $K_f$ |
| 砂壤土 | 0.539 | 20 | 0.001 | 0.993 | 1.164 | 62.951 |
| 轮胎颗粒 | 0.967 | 1.667 | 0.06 | 0.989 | 1.491 | 22.459 |
| 石灰石 | 0.78 | 3.333 | 0.034 | 0.997 | 1.243 | 14.942 |
| 陶粒 | 0.826 | 5 | 0.007 | 0.97 | 1.427 | 57.57 |
| 木屑 | 0.74 | 10 | 0.004 | 1 | 1.217 | 35.237 |

由表 4.5 可知，Freundlich（$R^2 > 0.97$）模型能很好地拟合 5 种填料对 $NH_3-N$ 的吸附特性，而 Langmuir（$R^2 > 0.78$）可以较好地拟合轮胎颗粒、石灰石和陶粒。在 Langmuir 吸附等温式中，$b$ 表示吸附结合能常数，$b$ 的值越大，表示填料与 $NH_3-N$ 之间的结合就越强，各填料的 $b$ 大小依次为：轮胎颗粒＞石灰石＞陶粒＞木屑＞砂壤土。$q_m$ 表示理论饱和吸附量，5 种填料的 $q_m$ 大小依次为：砂壤土＞木屑＞陶粒＞石灰石＞轮胎颗粒。在 Freundlich 吸附等温式中，$K_f$ 为反应填料对 $NH_3-N$ 吸附能力大小的常数，理论上 $K_f$ 越大，填料的吸附能力越强。5 种填料中砂壤土和陶粒的 $K_f$ 最大，对 $NH_3-N$ 的吸附能力也最强，其次为木屑和轮胎颗粒，石灰石的 $K_f$ 最小。综合而言，5 种填料中砂壤土对 $NH_3-N$ 的吸附效果最好，这可能是由于砂壤土吸附主要靠阳离子交换完成，有利于 $NH_3-N$ 的吸附；其次为木屑、陶粒和石灰石，轮胎颗粒对 $NH_3-N$ 的吸附效果相对较差。

3. $NO_3-N$ 吸附等温模式

用砂壤土、石灰石、轮胎颗粒、木屑、陶粒对不同浓度的 $NO_3-N$ 进行等温吸附实验，所得到的吸附等温线如图 4.6 所示。

从图 4.6 中可知，5 种填料中砂壤土对 $NO_3-N$ 的吸附量最大，在 $NO_3-N$ 浓度在 $200 \sim 600mg/L$ 的条件下，木屑对 $NO_3-N$ 的吸附量小于轮胎颗粒的吸附量，而在其他浓度下木屑的吸附量大于轮胎颗粒。不同填料对 $NO_3-N$ 吸附能力由强到弱排序，依次为：砂壤土＞轮胎颗粒＞木屑＞陶粒＞石灰石。从各填料的吸附等温曲线可得，砂壤土和木屑的吸附等温曲线的斜率较大，除木屑外，其他填料吸附过程中当平衡 $NO_3-N$ 的质量浓度小于 400mg/L 时，吸附等温曲线斜率较大，填料对 $NH_3-N$ 的吸附量迅速增加；$NH_3-N$

的质量浓度在 400mg/L 以上时，曲线的斜率逐渐变小并逐渐趋于平衡。

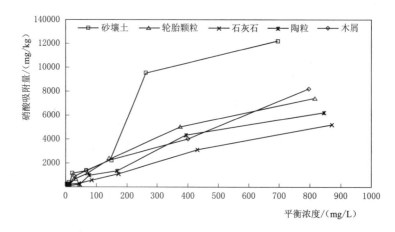

图 4.6　各填料对 $NO_3 - N$ 的吸附等温线

根据 5 种填料对 $NO_3 - N$ 的吸附等温线，进行数值分析，得到各填料对 $NO_3 - N$ 的吸附等温方程各因子（表 4.6）。

表 4.6　　　　　　　　　各填料对 $NO_3 - N$ 的吸附等温方程因子

| 填　　料 | Langmuir 模　型 | | | Freundlich 模　型 | | |
|---|---|---|---|---|---|---|
| | $R^2$ | $q_m/(mg/g)$ | $b$ | $R^2$ | $n$ | $K_f$ |
| 砂壤土 | 0.188 | 33.333 | 0.001 | 0.927 | 1.213 | 56.351 |
| 轮胎颗粒 | 0.936 | 0.061 | 146.235 | 0.996 | 1.262 | 41.841 |
| 石灰石 | 0.372 | 0.051 | 374.381 | 0.997 | 1.243 | 14.942 |
| 陶粒 | 0.019 | 50 | 0.002 | 0.954 | 1.073 | 12.417 |
| 木屑 | 0.758 | 0.065 | 145.25 | 0.973 | 1.234 | 37.993 |

由表 4.6 可知，Freundlich（$R^2 > 0.92$）模型能较好地拟合 5 种材料对 $NO_3 - N$ 的吸附特性，而 Langmuir（$R^2 > 0.0.94$）可以较好地拟合轮胎颗粒，其他 4 种材料拟合效果差。在 Langmuir 吸附等温式中，各填料的 $b$ 大小依次为：石灰石＞轮胎颗粒＞木屑＞陶粒＞砂壤土。5 种填料的饱和吸附量 $q_m$ 大小依次为：陶粒＞砂壤土＞木屑＞轮胎颗粒＞石灰石。在 Freundlich 吸附等温式中，5 种填料中砂壤土和轮胎颗粒的 $K_f$ 最大，对 $NO_3 - N$ 的能力也最强，其次为木屑和石灰石，陶粒的 $K_f$ 最小。综合而言，5 种填料中陶粒的吸附效果最好，其次为砂壤土、轮胎颗粒和木屑，石灰石对 $NO_3 - N$ 的吸附效果相对较差。

4. 总磷吸附等温模式

用砂壤土、轮胎颗粒、石灰石、陶粒和木屑对不同浓度的总磷进行等温吸附试验，所得到的吸附等温曲线如图 4.7 所示。

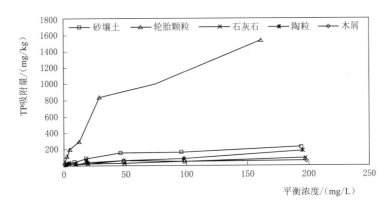

图 4.7　各填料对 TP 的吸附等温线

从图 4.7 中可知，5 种填料中轮胎颗粒对 TP 的吸附量最大，不同填料对总磷吸附能力由强到弱排序，依次为：轮胎颗粒＞砂壤土＞陶粒＞石灰石＞木屑。从各填料的吸附等温曲线可得，轮胎颗粒的吸附等温曲线的斜率较大，远大于另外 4 种填料。

根据 5 种填料对总磷的吸附等温线，进行数值分析，得到各填料对总磷的吸附等温方程各因子见表 4.7。

表 4.7　　　　　　　　　　各填料对 TP 的吸附等温方程因子

| 填　　料 | Langmuir　模　型 | | | Freundlich　模　型 | | |
|---|---|---|---|---|---|---|
| | $R^2$ | $q_m$/(mg/g) | $b$ | $R^2$ | $n$ | $K_f$ |
| 砂壤土 | 0.97 | 0.278 | 0.64 | 0.926 | 1.421 | 7.823 |
| 轮胎颗粒 | 0.944 | 2 | 0.012 | 0.976 | 1.476 | 58.6 |
| 石灰石 | 0.799 | 0.118 | 5.69 | 0.988 | 1.636 | 3.416 |
| 陶粒 | 0.764 | 0.196 | 1.515 | 0.97 | 2.053 | 10.834 |
| 木屑 | 0.986 | 0.063 | 3.651 | 0.943 | 2.788 | 10.245 |

由表 4.7 可知，Freundlich($R^2 > 0.95$) 模型均能很好地拟合 5 种填料对总磷的吸附特性，Langmuir($R^2 > 0.76$) 模型也有较好的拟合效果，尤其是砂壤土、轮胎和木屑 ($R^2 > 0.94$)。在 Langmuir 吸附等温式中，各填料的 $b$ 大小依次为：石灰石＞木屑＞陶粒＞砂壤土＞轮胎颗粒。5 种填料的饱和吸附量 $q_m$ 大小依次为：轮胎颗粒＞砂壤土＞陶粒＞石灰石＞木屑。在 Freundlich 吸附等温式中，5 种填料中轮胎颗粒的 $K_f$ 最大，对总磷的吸附能力也最强，其次为陶粒、木屑和砂壤土，石灰石的 $K_f$ 最小。综合而言，5 种填料中轮胎颗粒对总磷的吸附效果最好，其余 4 种填料对总磷的吸附能力都较差。轮胎颗粒对磷的去除率远高于其他 4 种吸附材料的原因可能是由于轮胎颗粒中的主要成分是炭黑，炭黑具有炭质材料的吸附性质，且轮胎颗粒表面粗糙多孔，内部孔隙多，对磷具有较强的吸附能力。

### 4.3.1.2　摇床试验

分析比较各配比 1h、6h、12h、24h、48h 摇床试验结果，研究各配比条件下 TP、

TN、$NH_3-N$ 的变化趋势，由于前期试验结果表明各个填料在 48h 时对上述污染物已全部达到吸附平衡，故重点考察 48h 试验结果，选择相对吸附效果最好的材料组合，为吸附柱试验提供研究基础。

图 4.8 为 8 种材料组合对 TN 的吸附效果图，由图可以看出，只有 ♯1（砂 100％）和 ♯2（砂 50％＋轮 50％）未发生明显的 TN 析出现象，其他 6 种材料组合，由于含有木屑的原因，在前 12h 会有不同程度的 TN 析出。但在 48h 达到吸附平衡时，含有木屑的组合对 TN 吸附良好，特别是 ♯6（砂 50％＋锯 30％＋轮 10％＋陶 10％）、♯4（砂 50％＋锯 30％＋轮 20％）和 ♯5（砂 50％＋锯 30％＋轮 10％＋灰 10％）对 TN 具有较好的吸附效果，在第 48h 时，对 TN 的吸附能达到 80％左右。这 3 个组合中，全部含有 50％砂壤土和 30％锯末，可见在以砂壤土为主体的基质中，添加锯末作为碳源，可以有效地提高 TN 的去除效果。

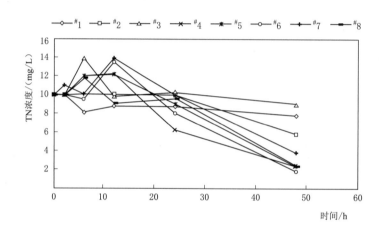

图 4.8　材料组合对 TN 的吸附效果

1—砂 100％；2—砂 50％＋轮 50％；3—砂 50％＋锯 50％；4—砂 50％＋锯 30％＋轮 20％；
5—砂 50％＋锯 30％＋轮 10％＋灰 10％；6—砂 50％＋锯 30％＋轮 10％＋陶 10％；
7—砂 50％＋锯 30％＋陶 10％＋灰 10％；8—砂 50％＋锯 20％＋轮 10％＋灰 10％＋陶 10％

图 4.9 为 8 种材料组合对 $NH_3-N$ 的吸附效果图，由图可以看出，全部组合发生了不同程度的析出现象，♯1（砂 100％）和 ♯2（砂 50％＋轮 50％）析出相对较低，这可能是由于选用的砂壤土来自山区，受到的污染少，本底值较低的原因。♯6（砂 50％＋锯 30％＋轮 10％＋陶 10％）、♯5（砂 50％＋锯 30％＋轮 10％＋灰 10％）和 ♯2（砂 50％＋轮 50％）在第 48h 达到吸附平衡时，对 $NH_3-N$ 的吸附效果较好，能达到 50％左右。

图 4.10 为 8 种材料组合对 TP 的吸附效果图，由图可以看出，全部组合同样发生了不同程度的析出现象，可能是由于与 $NH_3-N$ 相同的原因，♯1（砂 100％）和 ♯2（砂 50％＋轮 50％）析出相对较低。在达到平衡时，除了 ♯1（砂 100％）和 ♯3（砂 50％＋锯 50％），其他 6 组对 TP 都具有较好的吸附效果，其中以 ♯4（砂 50％＋锯 30％＋轮 20％）效果最好，其次为 ♯2，去除率超过了 90％，这充分说明了轮胎颗粒对 TP 有很好的吸附效果。

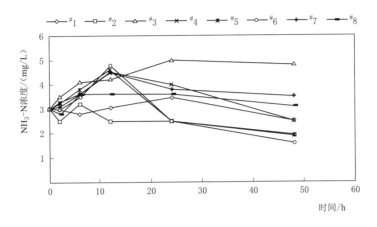

图 4.9　材料组合对 $NH_3 - N$ 的吸附效果

1—砂 100%；2—砂 50%＋轮 50%；3—砂 50%＋锯 50%；4—砂 50%＋锯 30%＋轮 20%；

5—砂 50%＋锯 30%＋轮 10%＋灰 10%；6—砂 50%＋锯 30%＋轮 10%＋陶 10%；

7—砂 50%＋锯 30%＋陶 10%＋灰 10%；8—砂 50%＋锯 20%＋轮 10%＋灰 10%＋陶 10%

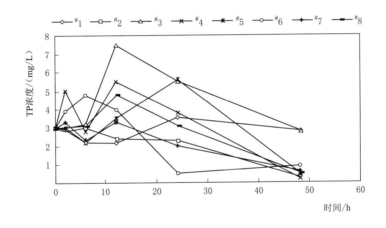

图 4.10　材料组合对 TP 的去除效果

1—砂 100%；2—砂 50%＋轮 50%；3—砂 50%＋锯 50%；4—砂 50%＋锯 30%＋轮 20%；

5—砂 50%＋锯 30%＋轮 10%＋灰 10%；6—砂 50%＋锯 30%＋轮 10%＋陶 10%；

7—砂 50%＋锯 30%＋陶 10%＋灰 10%；8—砂 50%＋锯 20%＋轮 10%＋灰 10%＋陶 10%

木屑作为碳源可有效增加 TN 的去除效果，轮胎颗粒对 TP 具有很好的吸附效果，由于♯4（砂壤土：木屑：轮胎颗粒＝50%：30%：20%）在 TP 去除，♯6（砂壤土：木屑：轮胎颗粒：陶粒＝50%：30%：10%：10%）在 TN 和 $NH_3 - N$ 去除中具备显著优势，所以♯4 和♯6 材料组合为优选出的滞留池基质，分别记为基质 1 和基质 2，开展过滤柱试验。

## 4.3.2　材料特性分析

摇床试验优选出的两种材料组合，砂壤土：木屑：轮胎颗粒＝50%：30%：20%和砂壤土：木屑：轮胎颗粒：陶粒＝50％：30％：10％：10％，分别作为过滤柱试验反应器 ♯1 和 ♯2 的基质，同时，以砂壤土做空白对照，作为反应器 ♯3 的基质，♯1～♯3 基质组成及特性见表 4.8。各种材料按比例混合均匀后装入反应器，并根据研究区域滞留池实际施工状况进行压实，表 4.8 中密度、孔隙率为基质装填压实后实测值。

表 4.8　　　　　　　　　　　　　　基 质 组 成 及 特 性

| 反应器编号 | 基 质（质 量 比） | 密度/(g/cm³) | 孔隙率 |
|---|---|---|---|
| ♯1 | 砂壤土：木屑：轮胎颗粒＝50％：30％：20％ | 1.38 | 0.35 |
| ♯2 | 砂壤土：木屑：轮胎颗粒：陶粒＝50％：30％：10％：10％ | 1.42 | 0.38 |
| ♯3 | 砂壤土 | 1.65 | 0.33 |

参考《化学品土壤粒度分析试验方法》（GB/T 27845—2011），使用筛分法进行 ♯1～♯3 反应器基质粒径分析，结果如图 4.11 所示。由图可以看出，超过 90％ 的材料能够保留在 120 目筛以上，反映了 3 种基质粒度相对均匀。土粒不均匀系数是反映大小不同粒组的分布情况，以判断土粒度级配是否良好的指标之一，其表达式为 $Cu = D_{60}/D_{10}$。$D_{10}$ 为粒径分布曲线上小于该粒径的基质含量占全部基质质量 10％ 的粒径，常称为有效粒径，能够有效地反映砂土透水性的粒径；$D_{60}$ 为粒径分布曲线上小于该粒径的基质含量占

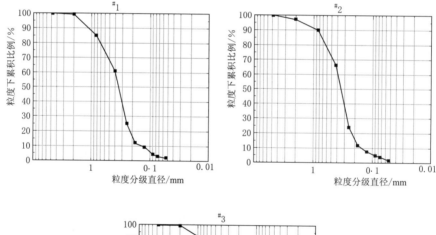

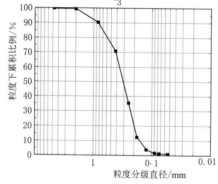

图 4.11　不同基质粒径分析结果

全部基质质量 60% 的粒径。♯1～♯3 基质的有效粒径 $D_{10}$ 分别为 0.148mm、0.155mm 和 0.170mm，反映出砂壤土（空白对照）的透水性好于添加木屑和轮胎的 ♯1 和 ♯2 基质，而 ♯1 和 ♯2 基质具有相对较好的持水性。$D_{60}$ 分别为 0.382mm、0.395mm 和 0.361mm，不均匀系数 $Cu$ 分别为 2.58、2.54 和 2.12，反映了 3 种基质粒径相对均匀，在运行过程中有利于避免反应器堵塞。

### 4.3.3 基质氮磷吸附效果分析

#### 4.3.3.1 不同基质对氮的去除效果分析

♯1～♯3 反应器对 TN、$NO_3-N$、$NH_3-N$ 的去除效果如图 4.12 所示。由图可以看出，进水 TN 浓度为 9.05～12.88mg/L、$NO_3-N$ 浓度为 7.66～11.15mg/L、$NH_3-N$ 浓度为 1.60～2.15mg/L、TP 浓度为 0.314～0.567mg/L，各污染物负荷相对稳定。各反应器对系统中 TN、$NO_3-N$、$NH_3-N$ 的去除率保持较为稳定的状态。♯1～♯3 装置对 TN 去除率分别为 71.66%～88.09%、80.91%～89.60%、30.40%～55.99%，平均为 82.72%、84.08%、40.82%；对 $NH_3-N$ 去除率分别为 66.63%～76.30%、70.83%～81.01%、32.06%～48.10%，平均为 70.70%、74.88%、38.21%；对 $NO_3-N$ 去除率分别为 85.47%～97.20%、89.88%～97.50%、30.89%～52.38%，平均为 92.87%、93.57%、40.52%。

相较于砂壤土（♯3），基质中添加木屑、轮胎颗粒、陶粒（♯1 和 ♯2）可显著提高 TN、$NO_3-N$、$NH_3-N$ 去除效果，去除率分别提高约 41%、52%、32%。这主要是两个原因造成的：一方面是微生物作用，基质中微生物数量与 TN 的去除有显著相关性[218]，添加木屑作为补充碳源以及系统厌氧条件（基质中 DO<3.8mg/L），为反硝化细菌提供了适宜的生长环境，有利于反硝化反应发[107]，这是主要原因；另一方面是物理吸附作用，添加的木屑、陶粒本身对 TN 有较好的吸附效果[217]。♯2 基质对 TN、$NO_3-N$、$NH_3-N$ 的平均去除率比 ♯1 分别高 1.36%、0.70%、4.18%，差别相对较小。

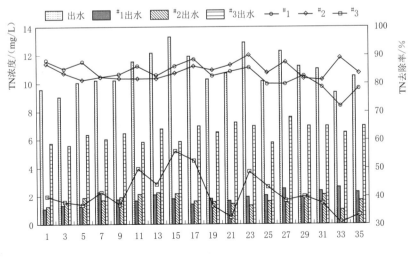

图 4.12（一） 不同基质对 TN、$NO_3-N$、$NH_3-N$ 去除效果

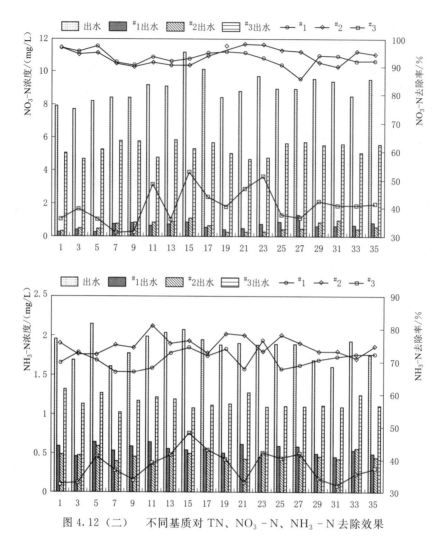

图 4.12（二）    不同基质对 TN、$NO_3-N$、$NH_3-N$ 去除效果

前期材料比选试验中，30g 木屑置于 300g 试验原水中开展了吸附试验，结果 $COD_{Mn}$ 由原水的 3.17mg/L 升高到 23.1mg/L，表明木屑本身存在大量的有机物释放；而在本阶段试验过程中，$COD_{Mn}$ 降低了 30％左右。以上有机物浓度对比结果，说明了该系统存在大量微生物新陈代谢作用。

**4.3.3.2    不同基质对磷的去除效果分析**

♯1～♯3 反应器对 TP 的去除效果如图 4.13 所示。由图可以看出，进水 TP 浓度为 0.314～0.567mg/L，♯1～♯3 装置对 TP 去除率分别为 69.36％～90.93％、60.27％～ 93.94％、15.44％～33.54％，平均为 84.21％、74.24％、26.82％。上述试验条件下，出水 TP 浓度达到《地表水环境质量标准》（GB 3838—2002）规定的Ⅲ类水标准。基质中添加木屑、轮胎颗粒、陶粒（♯1 和♯2）可显著提高 TP 去除效果，去除率提高约 50％，这和对氮的研究结果类似。不同的是，♯1 反应器对 TP 的平均去除率高于♯2，超过 7.65％，这主要是由于♯1 基质中轮胎颗粒含量远高于♯2（2 倍）造成的。轮胎颗粒会促进吸附剂的物理吸附作用，少量的硬脂酸可作为金属离子的交换剂，轮胎颗粒中的金属通过界面化学沉淀可去除磷酸盐等阴离子污染物[205]。

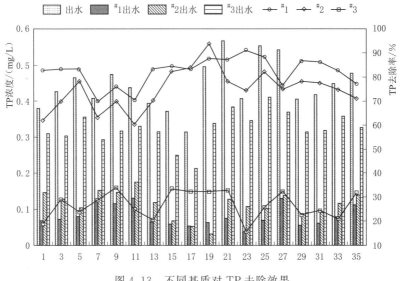

图 4.13 不同基质对 TP 去除效果

### 4.3.4 运行过程基质装填高度优化

基质装填高度是生物滞留池的重要设计参数，既对污染物去除效果有重要影响，又关系到基质用量及施工工程量，兼具经济性。

图 4.14 是不同高度取样口 TN、TP 浓度随时间变化，由图可以看出，进水 TN 浓度为 9.35～13.30mg/L，TP 浓度为 0.304～0.587mg/L。不同高度（30cm、45cm、60cm、75cm、90cm）出水口 TN 去除率分别为 77.90%～85.56%、82.19%～89.84%、83.14%～89.91%、78.02%～89.34%、74.87%～88.09%，平均为 81.84%、86.29%、87.49%、84.27%、82.13%；各出水口 TP 去除率分别为 65.18%～74.88%、71.60%～76.79%、72.34%～84.65%、75.48%～88.52%、73.33%～86.75%，平均为 69.35%、74.91%、79.68%、82.79%、80.45%。5 个不同高度出水口对 TN 平均去除率全在 80% 以上，其中基质高 60cm 时，去除效果最好，其次为 45cm；TP 有所不同，去除率最高时基质高度为 75cm，90cm 和 60cm 接近。有研究发现适当减少基质的有效深度，可促进水生植物根系的生长，尤其是比表面积较大的毛根须的生长，从而促进微生物活性，对提高污染物净化功能起到更为关键的作用[219]。综合考虑氮磷去除效果、经济性和植物生长需求，本研究认为基质高度 60cm 时，对污染物具有最好的去除效果。

### 4.3.5 基质氮磷吸附性能分析

材料在使用过程中能长久保持其原有性能的能力，称为耐久性。提高基质耐久性对节约滞留池材料用量、减少维护费用、延长使用寿命等均具有十分重要的工程实践意义。耐久性是材料的一种综合性质，诸如抗冻性、抗风化性、抗老化性、耐化学腐蚀性等均属耐久性的范围。实际运行过程中，滞留池基质使用寿命受进水污染物浓度、基质吸附容量、植物和微生物作用等多种因素影响，确定基质实际使用寿命需要经过长期的运行监测和模

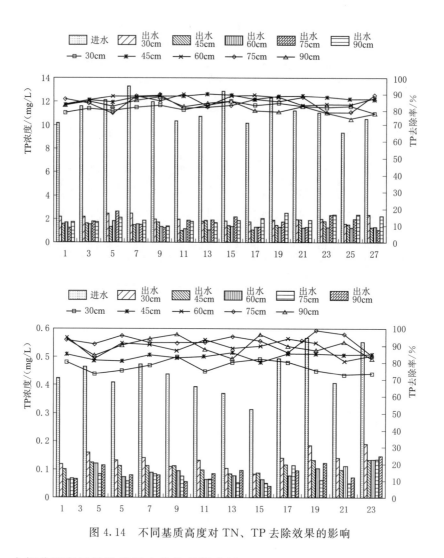

图 4.14　不同基质高度对 TN、TP 去除效果的影响

拟计算，本部分研究只关注基质本身的吸附容量。

　　本节以基质 1 为例，通过等温吸附试验，计算基质饱和吸附量，在此基础上估算基质达到饱和吸附量的时间，表征基质吸附不同污染物的使用寿命。

　　根据基质 1 对 $NH_3-N$、$NO_3-N$、TN、TP、OP 的等温吸附试验结果，进行数值分析，得到基质 1 对上述污染物的等温吸附方程各因子，见表 4.9。基质对 $NH_3-N$、$NO_3-N$、TN、TP、OP 等污染物的吸附性能由 $q_m$ 表征，基质 1 对 OP、TP、$NO_3-N$ 的饱和吸附量相对较大。

表 4.9　　　　　　　　　　　　　基质 1 的等温吸附方程因子

| 填　　料 | Langmuir 模　型 | | | Freundlich 模　型 | | |
|---|---|---|---|---|---|---|
| | $R^2$ | $q_m/(mg/g)$ | $b$ | $R^2$ | $q_m/(mg/g)$ | $K_f$ |
| $NH_3-N$ | 0.939 | 0.151 | 1.231 | 0.903 | 0.615 | 13.287 |
| $NO_3-N$ | 0.867 | 1.264 | 0.058 | 0.939 | 2.969 | 9.453 |

续表

| 填 料 | Langmuir 模 型 | | | Freundlich 模 型 | | |
|---|---|---|---|---|---|---|
| | $R^2$ | $q_m/(mg/g)$ | $b$ | $R^2$ | $q_m/(mg/g)$ | $K_f$ |
| TN | 0.780 | 0.696 | 0.064 | 0.887 | 1.143 | 18.238 |
| TP | 0.926 | 4.154 | 0.027 | 0.944 | 1.077 | 27.580 |
| OP | 0.977 | 3.750 | 0.011 | 0.970 | 0.717 | 15.237 |

以头道河上游坡地农田 $5000m^2$ 作为汇水区为例进行计算，该区域径流系数取 0.12，据数据统计，开县地区多年平均日降雨量为 5.6mm，径流中 TP 浓度取 1.2mg/L，则该区域全年雨水径流中 TP 含量为 $5000m^2 \times 5.6mm \times 0.12 \times 1.2mg/L \times 365d/a = 1471.68g/a$。滞留池面积按照不透水路面的 2% 计，则净化该农田汇水需要的滞留池面积为 $5000m^2 \times 0.12 \times 0.02 = 12m^2$。以基质 1 为滞留池过滤材料，其密度为 $1.38g/cm^3$，装填高度按照 60cm 计，则需要用到的基质总质量为 $12m^2 \times 60cm \times 1.38g/cm^3 = 8280kg$。根据基质1 对 TP 等温吸附试验数据分析结果，基质 1 对 TP 的最大吸附容量为 4.154mg/g，由此，可以推算基质 1 的吸附 TP 的使用寿命为：$(8280kg \times 4.154mg/g) \div 1471.68g/a = 23.4a$。也就是说，在以上限定条件下，单纯以饱和吸附量而言，基质 1 吸附该区域 TP 达到最大吸附量的时间为 23.4 年。使用寿命的估算受基质饱和吸附量、径流污染物浓度、降雨强度、降雨量等因素影响。假定径流中 OP 浓度为 1mg/L，TN 浓度为 8mg/L，$NO_3-N$ 浓度为 5mg/L，$NH_3-N$ 浓度为 2mg/L，其他条件和上述 TP 相一致，结合 Langmuir 等温吸附方程最大吸附容量 $q_m$，估算基质 1 吸附 $NH_3-N$、$NO_3-N$、TN、TP、OP 等污染物的使用寿命见表 4.10。

表 4.10　　　　　　　　　　基质 1 吸附饱和时间分析结果

| 污 染 物 | 年径流含量/(g/a) | 最大吸附量/(mg/g) | 吸附饱和时间/a |
|---|---|---|---|
| $NH_3-N$ | 2452.8 | 0.151 | 0.5 |
| $NO_3-N$ | 6132 | 1.264 | 1.7 |
| TN | 9811.2 | 0.696 | 0.6 |
| TP | 1471.68 | 4.154 | 23.4 |
| OP | 1226.4 | 3.750 | 25.3 |

### 4.3.6　运行初期营养盐主要去除方式分析

本节通过对比试验，明确在滞留池运行初期，微生物在营养盐去除中发挥的作用。

图 4.15 为进水添加 $HgCl_2$ 对营养盐去除效果对比，由图可见，进水 $NO_3-N$ 浓度为 4.5mg/L、TP 浓度为 0.5mg/L、$NH_3-N$ 浓度为 1.7mg/L，进水添加 $HgCl_2$ 原液时，在试验进行的 12h 内，

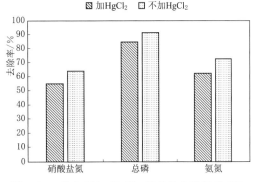

图 4.15　进水添加 $HgCl_2$ 营养盐去除效果对比

$NO_3 - N$、TP、$NH_3 - N$ 的去除率分别为 54.43％、84.87％、62.65％。与不添加 $HgCl_2$ 的过滤柱进行比较，全部污染物的去除率都有降低现象，分别降低了 8.92％、7.09％、10.12％。在进水添加 $HgCl_2$、基质经过 105℃烘干处理、较短的水力停留时间等试验条件下，硝化菌、反硝化菌、聚磷菌不具备生长繁殖环境，难以发挥脱氮除磷作用。对比试验结果表明，在运行初期，微生物对氮磷营养盐去除的贡献低于 10％，对氮磷削减起主要作用的是吸附和其他物理化学作用。这和 Hossain[220] 的研究结果相近。

## 4.4　本章小结

生物滞留池在实际应用过程中，存在的氮磷削减稳定性低、受基质影响大等问题。针对以上问题，本章研究了吸附材料选择方法，通过等温吸附、摇床和过滤柱试验，研发了用于生物滞留池的 2 种绿色营养盐吸附材料，估算了基质达到饱和吸附量的时间，初步分析了运行初期微生物对污染物去除的贡献。得到以下结论：

（1）根据材料吸附性能、经济性能、环境效益和物理化学特性，建立了适用于我国农村地表径流氮磷吸附材料选择的指标体系，筛选出了砂壤土、木屑、轮胎颗粒、石灰石、陶粒等材料，研发出用于生物滞留池基质的 2 种绿色营养盐吸附材料，分别为基质 ♯1（砂壤土：木屑：轮胎颗粒＝50％：30％：20％，质量比）和基质 ♯2（砂壤土：木屑：轮胎颗粒：陶粒＝50％：30％：10％：10％，质量比）。

（2）过滤柱试验结果表明：研发的基质作为生物滞留池吸附材料可有效去除径流中营养盐，对 TN、$NO_3 - N$、$NH_3 - N$、TP 的去除率为 82.72％、92.87％、70.70％、84.21％，相较于天然砂壤土，添加木屑、轮胎等可显著提高吸附材料去污性能，去除效果分别可提高约为 41％、52％、32％、48％。不考虑植物作用，基质装填高度为 60cm 时为最佳高度，兼顾氮、磷去除效果和经济性。

（3）通过等温吸附试验，进行数值分析，得到基质对不同污染物的等温吸附方程，计算得出对应的饱和吸附量，对 $NH_3 - N$、$NO_3 - N$、TN、TP 的饱和吸附量分别为 0.151g/kg、1.264g/kg、0.696g/kg、4.154g/kg、3.75g/kg，计算结果根据来水污染物浓度不同会有所不同。

（4）在运行初期，微生物对氮磷营养盐去除的贡献低于 10％，对氮磷削减起主要作用的是吸附和其他作用。

# 第5章 生物滞留池构建

本章构建了 6 组生物滞留池小试试验装置,以砂壤土∶木屑∶轮胎颗粒＝50％∶30％∶20％（重量比）为基质,分别栽种千屈菜、菖蒲、香蒲、芦苇、黄花鸢尾和再力花等植物,研究生物滞留池试运行期基质本底对污染物去除效果的影响,并探讨稳定运行阶段对 $NH_3-N$、$NO_3-N$、TN、TP、COD 等污染物的削减效果,为生物滞留池实际应用提供技术支撑。

## 5.1 试验条件与方法

### 5.1.1 植物选择

植物在生物滞留塘中有着重要的作用,植物可以防止表面侵蚀,改善水流渗滤条件和提供微生物附着表面积,同时植物的新陈代谢可以吸收水中营养物,释放氧气和分泌抗菌剂等从而影响水处理过程。另外,植物还有一些特殊的作用,如为野生动物提供栖息地和增加水处理系统的美学价值等。从净化污水角度而言,植物的作用可以归纳为 3 个重要的方面:①直接吸收利用污水中可利用的营养物质,吸附和富集重金属及其他有毒有害物质;②植物根系巨大表面积会附着大量微生物,根际会创造利于各种微生物生长的微环境,所以植物系统应该较无植物系统具有更大的微生物量,通过微生物增加污染物的去除;③增强和维持介质的水力传输,根系的生长有利于均匀布水,延长系统实际水力停留时间[221]。

供试植物在清水中培养至植物的高度约为 40cm 后开展试验。供试植物资料如下:

（1）香蒲（*Typha orientalis* Presl)。香蒲为多年生落叶、宿根性挺水型的单子叶植物,又名蒲草、蒲菜。因其穗状花序呈蜡烛状,故又称水烛。茎极短且不明显。不分枝或偶尔分枝,不呈肥大状,外皮殆为淡黄褐色,前端可以不断地分化出不定芽株。喜温暖、光照充足的环境,生于池塘、河滩、渠旁、潮湿多水处。香蒲是重要的水生经济植物之一,香蒲叶绿穗奇可用于点缀园林水池,亦可用于造纸原料、嫩芽蔬食等。此外,其花粉还可入药。

（2）芦苇[*Phragmites australis*（CaV.）Trin. ex Steud]。芦苇的植株高大,地下有发达的匍匐根状茎,多生于低湿地或浅水中。夏秋开花,圆锥花序,顶生,疏散,长 10～40cm,稍下垂,小穗含 4～7 朵花,雌雄同株,花序长约 15～25m,小穗长 1.4cm,为白绿色或褐色,花序最下方的小穗为雄,其余均雌雄同花,花期为 8—12 月。芦苇的果实为颖果,披针形,顶端有宿存花柱。

（3）菖蒲（*Acorus calamus* L.）。菖蒲是多年生草本植物。根茎横走,稍扁,分枝,直径 5～10mm,外皮黄褐色,芳香,肉质根多数,长 5～6cm,具毛发状须根。叶基生，基部两侧膜质叶鞘宽 4～5mm，向上渐狭，至叶长 1/3 处渐行消失、脱落。叶片剑状线形，长 90～100(150)cm，中部宽 1～2(3)cm，基部宽、对褶，中部以上渐狭，草质，绿色，光亮；中肋在两面均明显隆起，侧脉 3～5 对，平行，纤弱，大都伸延至叶尖。

（4）再力花（*Thalia dealbata*）。竹芋科，再力花属多年生挺水草本植物。叶卵状披针形，浅灰蓝色，边缘紫色，长 50cm，宽 25cm。复总状花序，花小，紫堇色。全株附有白粉。花柄可高达 2m 以上，细长的花茎可高达 3m，茎端开出紫色花朵，像系在钓竿上的鱼饵，形状非常特殊。

（5）黄花鸢尾（*Iris wilsonii* C. H.）。多年生草本，植株基部有老叶残留的纤维。根状茎粗壮，斜伸；须根黄白色，少分枝，有皱缩的横纹。叶基生，灰绿色，宽条形，有 3～5 条不明显的纵脉。花茎中空，高 50～60cm，有 1～2 枚茎生叶；苞片 3 枚，草质，绿色，披针形，内包含有 2 朵花；花黄色，直径 6～7cm；外花被裂片倒卵形，具紫褐色的条纹及斑点，爪部狭楔形，内花被裂片倒披针形，花盛开时向外倾斜。蒴果椭圆状柱形，6 条肋明显，顶端无喙；种子棕褐色，扁平，半圆形。花期 5—6 月，果期 7—8 月。

（6）千屈菜（*Lythri salicariae* L.）。多年生草本植物，高 30～100cm，全体具柔毛，有时无毛。茎直立，多分枝，有四棱。叶对生或 3 片轮生，狭披针形，先端稍钝或短尖，基部圆或心形，有时稍抱茎。总状花序顶生，花两性，数朵簇生于叶状苞片腋内；花萼筒状，长 6～8mm 以，外具 12 条纵棱，裂片 6，三角形，附属体线形，长于花萼裂片，约 1.5～2；花瓣 6，紫红色，长椭圆形，基部楔形；雄蕊 12，6 长 6 短，子房无柄，2 室，花柱圆柱状，柱头头状。蒴果椭圆形，全包于萼内，成熟时 2 瓣裂，种子多数，细小。

### 5.1.2　试验装置

生物滞留池小试试验装置为有机玻璃材质，规格为直径 30cm，高 75cm，在底部设置排水口。装置下层为排水层，装填直径为 10～15mm 的砾石，厚 5cm；其上为滞留池基质过滤层，装填基质 1（砂壤土：木屑：轮胎颗粒 ＝ 50％：30％：20％），厚 60cm，装置示意图如图 5.1 所示。基质中分别栽种挺水植物：千屈菜（QQC）、菖蒲（CP）、香蒲（XP）、芦苇（LW）、黄花鸢尾（YW）和再力花（ZLH）。

每种植物进行 2 个平行试验，共有 12 个试验装置。根据植株大小不同，每个装置中栽种 2～4 株单一植物，平行装置中栽种植物植株数相同、大小尽可能保持一致。图 5.2 为试验准备过程和小试试验装置实物图，植物从左到右依次是：千屈菜（QQC）、黄花鸢尾（YW）和再力花（ZLH）、菖蒲（CP）、香蒲（XP）、芦苇（LW）。各装置编号以植物命名，如栽种千屈菜的装置命名为 QQC。

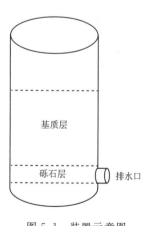

基质层

砾石层　　排水口

图 5.1　装置示意图

图 5.2 填料装填过程及装置实物照片

### 5.1.3 试验用水、设备及检测分析方法

1. 试验用水

使用自来水和优级纯氯化铵、硝酸钾、磷酸氢二钾试剂等配置试验用水。试验期间，试验用水（进水）水质情况如下：$COD_{Cr}$ 浓度为 3.4～10.7mg/L，$NH_3-N$ 浓度为 1.61～5.15mg/L，$NO_3-N$ 浓度为 4.66～11.15mg/L，TN 浓度为 9.05～16.88mg/L，TP 浓度为 0.371～1.567mg/L。

2. 仪器设备

（1）美国 Hach 公司的分光光度计 DR5000 和 DR2800。

（2）YSI 多参数水质测量仪。

（3）蠕动泵（保定兰格恒流泵有限公司）。

（4）电热恒温水浴锅（北京中兴伟业仪器有限公司）。

（5）高压锅（合肥华泰医疗设备有限公司）。

（6）电子分析天平（美国丹佛仪器公司）。

（7）0.45μm 水系滤膜。

（8）250mL/500mL 锥形瓶。

3. 检测分析方法

DO、pH、水温，使用 YSI（型号 PRO plus）便携式水质分析仪检测；$NH_3-N$ 采用纳氏比色法、$NO_3-N$ 采用紫外分光光度法、TN 采用碱性过硫酸钾分光光度法、TP 采用钼锑抗分光光度法、$COD_{Cr}$ 采用 HACH 快速密闭式催化消解法。

### 5.1.4 试验方法

以基质（砂壤土：木屑：轮胎颗粒＝50%：30%：20%，重量比）作为过滤材料，分别和千屈菜（QQC）、菖蒲（CP）、香蒲（XP）、芦苇（LW）、黄花鸢尾（YW）和再力花（ZLH）共 6 种植物组成生物滞留池小试装置，试验研究生物滞留池试运行期基质本底对污染物去除效果的影响，并探讨稳定运行阶段对 $NH_3-N$、$NO_3-N$、TN、TP、$COD_{Cr}$ 等污染物的削减效果。

试验用水由昆玉河水添加化学试剂配置而成。每次进水 40L，以滞留池面积占径流收集面积 5％计，不考虑径流损失，该过程相当于 28mm 的降雨过程。受试验条件限制，采取人工加水的方式模拟降雨径流进水，每次添加 7L 左右，用时约 4h 完成。开始形成稳定出水时采集水样，根据出水量的大小，间隔约 1h 采集一次，每次进水共采集 3 个水样，由于出水量不稳定，3 个水样混合后对其进行测试分析。合计进水 10 次，其中前 5 次为试运行期，后 5 次为稳定运行阶段。进水时间间隔均为 6～12d，试验中所有反应器同时进水，总进水量、进水时长和污染物浓度均基本一致。

## 5.2　结果与讨论

### 5.2.1　试运行期污染物去除效果

试运行期主要为了考察材料本底值对运行效果的影响，以及不同植物对去除效果的影响。试验期间，各反应器植物长势良好，平行试验结果差别不大，差异全部在 5％以内，以下分析各参数值为两个平行的平均值。

#### 5.2.1.1　$NH_3-N$、$NO_3-N$、TN 去除效果分析

试运行阶段进水 $NH_3-N$ 浓度为 3.71～4.62mg/L，芦苇（LW）、香蒲（XP）、菖蒲（CP）、再力花（ZLH）、黄花鸢尾（YW）和千屈菜（QQC）各反应器对 $NH_3-N$ 去除率分别为 42.33％～84.16％、44.02％～84.00％、39.95％～84.65％、54.57％～86.80％、45.87％～87.94％、35.22％～88.01％，$NH_3-N$ 去除效率与进水次数的关系如图 5.3 所示。

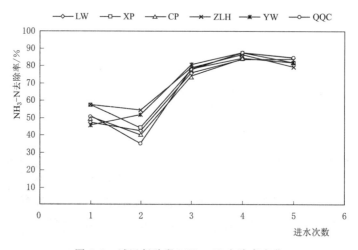

图 5.3　试运行阶段 $NH_3-N$ 去除率变化

由图可见，模拟系统对 $NH_3-N$ 去除效率随进水次数逐渐提高，前 2 次进水 $NH_3-N$ 去除率低于后 3 次约 30％，主要是受基质本底淋出的影响，填料本底的 $NH_3-N$ 主要来自砂壤土。从第 3 次开始基本保持平衡，说明在两次进水后，基质中本底 $NH_3-N$ 的淋出现象基本停止。

将试运行阶段每种植物对 5 次进水的去除率求平均值，以评价不同植物对 $NH_3-N$

去除效果的影响。试运行阶段不同植物对 $NH_3-N$ 的去除效果如图 5.4 所示，由图可以看出，对 $NH_3-N$ 的去除效果由大到小为：再力花＞鸢尾＞香蒲＞千屈菜＞芦苇＞菖蒲。其中，再力花效果最好，为 71.49%，菖蒲效果最差，为 66.27%，再力花、鸢尾、香蒲较为接近。

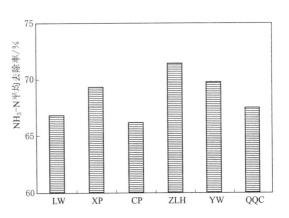

图 5.4 试运行阶段不同植物对 $NH_3-N$ 的去除效果

试运行阶段 $NO_3-N$ 和 TN 进水浓度分别为 $4.77\sim9.24mg/L$ 和 $8.85\sim12.35mg/L$。LW、XP、CP、ZLH、YW 和 QQC 各反应器对 $NO_3-N$ 去除率分别为 $38.07\%\sim75.69\%$、$43.37\%\sim81.83\%$、$31.61\%\sim76.08\%$、$33.13\%\sim77.46\%$、$36.50\%\sim82.03\%$、$37.39\%\sim77.41\%$，对 TN 去除率分别为 $41.24\%\sim73.66\%$、$39.66\%\sim75.32\%$、$45.32\%\sim80.18\%$、$48.33\%\sim75.75\%$、$42.46\%\sim80.08\%$、$39.55\%\sim76.01\%$。反应器对 $NO_3-N$、TN 的去除效果如图 5.5 和图 5.6 所示。由图可以看出，各反应器对 $NO_3-N$、TN 的去除率变化趋势与 $NH_3-N$ 基本一致，前两次较低，第 3 次后趋于平衡。

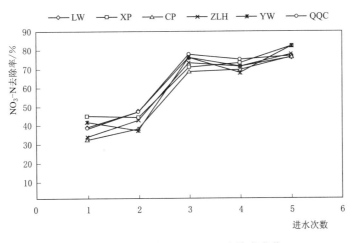

图 5.5 试运行阶段 $NO_3-N$ 去除率变化

试运行阶段不同植物对 $NO_3-N$ 和 TN 的去除效果如图 5.7 和图 5.8 所示，由图可以看出，对 $NO_3-N$ 的去除效果由大到小为：香蒲＞千屈菜＞芦苇＞鸢尾＞再力花＞菖蒲。其中，香蒲效果最好，为 62.49%；菖蒲效果最差，为 56.46%；香蒲、千屈菜、芦苇较为接近；对 TN 的去除效果由大到小为：菖蒲＞再力花＞鸢尾＞芦苇＞千屈菜＞香蒲。其中，菖蒲效果最好，为 64.73%；香蒲效果最差，为 60.83%；菖蒲、再力花、鸢尾较为接近。

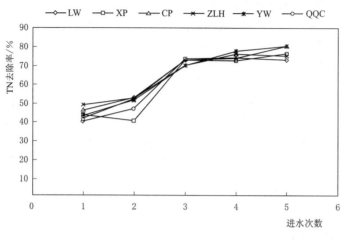

图 5.6 试运行阶段 TN 去除率变化

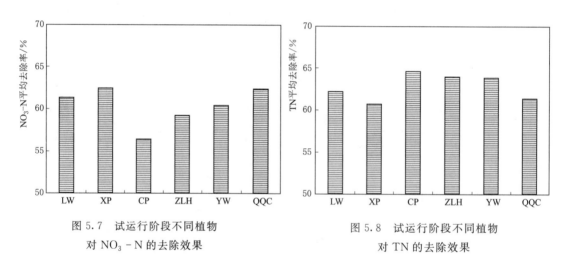

图 5.7 试运行阶段不同植物
对 $NO_3-N$ 的去除效果

图 5.8 试运行阶段不同植物
对 TN 的去除效果

### 5.2.1.2 TP 去除效果分析

试运行阶段 TP 浓度为 0.414～1.167mg/L，LW、XP、CP、ZLH、YW 和 QQC 各反应器对 TP 去除率分别为 84.50%～93.07%、79.18%～92.25%、77.41%～91.85%、79.26%～94.00%、80.43%～95.51%、84.20%～89.06%，TP 去除效率与进水次数的关系如图 5.9 所示。

与 $NH_3-N$、$NO_3-N$、TN 的变化趋势不同，TP 的去除率一直维持在较高的稳定水平。有研究结果[125,222-223]显示生物滞留池试运行期，可能会存在磷析出问题，导致出水 TP 浓度高于进水，这主要是由于滤料中砂壤土磷本底值较高造成的。在生物滞留池系统中，磷的去除主要通过以下两个途径：①种植土层的截留作用，平行于水流方向运动的颗粒与植被或土壤表面接触时被捕获，垂直于水流方向运动的颗粒由于沉降、土壤的渗透和吸附等作用被去除；②植物和微生物的吸收固定作用，由于土壤表层的氧含量较丰富，从而形成好氧膜，聚磷菌附着在其表面吸附大量的磷，从而达到较高的净化效果。本研究中

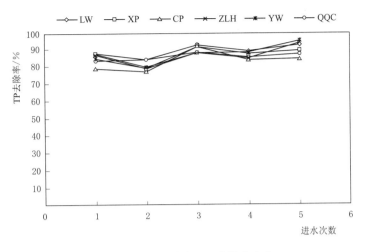

图 5.9 试运行阶段 TP 去除率变化

TP 去除率能维持在较高水平，主要是两个方面的原因：①使用的砂壤土取自开县头道河上游山坡，受到污染相对较低，砂壤土中磷的本底值低，不存在析出问题；②基质中添加了大量的轮胎颗粒，而轮胎颗粒被证实对磷有很好的吸附效果。

试运行阶段不同植物对 TP 的去除效果如图 5.10 所示，由图可以看出，对 TP 的去除效果由大到小为：芦苇＞鸢尾＞香蒲＞再力花＞千屈菜＞菖蒲。其中，芦苇效果最好，平均为 89.66%，菖蒲效果最差，为 83.61%。

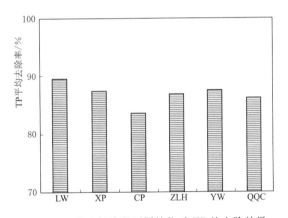

图 5.10 试运行阶段不同植物对 TP 的去除效果

### 5.2.1.3 $COD_{Cr}$ 去除效果分析

试运行阶段进水 $COD_{Cr}$ 浓度为 6.38 ～ 8.42mg/L，LW、XP、CP、ZLH、YW 和 QQC 各反应器对 $COD_{Cr}$ 去除率分别为 −31.56% ～ 46.59%、−36.97%～47.50%、−39.06%～40.87%、−24%～46.47%、−37.67%～46.39%、−25.45%～44.98%，$COD_{Cr}$ 去除效率与进水次数的关系如图 5.11 所示。

由图可见，试运行阶段，模拟系统出现了有机物析出现象，特别是第一次进水，出水 $COD_{Cr}$ 浓度全部高于进水超过 20%，最高达到 39.06%。这主要是由于基质中含有大量的木屑，木屑在水中浸泡析出有机物。将 5g 木屑作为单一材料放入 200mL $COD_{Cr}$ 浓度为 5mg/L 的锥形瓶中在摇床 25℃恒温震荡 48h，经 0.45μm 玻璃纤维滤膜过滤后测得水溶液中 $COD_{Cr}$ 浓度为 11.2～16.4mg/L（5 次平行试验），$COD_{Cr}$ 浓度升高皆超过 120%。上述对比分析表明，生物滞留池系统对有机物有很好的吸附与吸收能力。木屑腐烂导致的有机物淋出现象是一个缓慢释放的过程，这直接反应在随着进水次数的增多，有机物析出逐

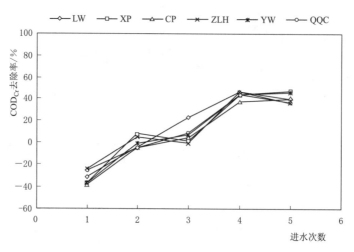

图 5.11 试运行阶段 $COD_{Cr}$ 去除率变化

渐减少。在第 3 次进水时，已基本无有机物析出现象，第 4 和第 5 次进水过程中，$COD_{Cr}$ 去除率已基本稳定在 40% 左右。土壤中添加木屑对提高填料渗透性及其持水性能具有重

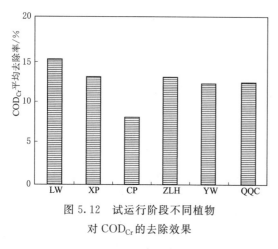

图 5.12 试运行阶段不同植物
对 $COD_{Cr}$ 的去除效果

要意义，填料中添加的有机质腐烂造成 $COD_{Cr}$ 的淋出现象可以通过适当的措施加以控制，不考虑作为碳源的作用，实际工程中可先将木屑进行发酵处理再加入填料以减少 $COD_{Cr}$ 的流出[111]。

试运行阶段不同植物对 $COD_{Cr}$ 的去除效果如图 5.12 所示，由图可以看出，芦苇、香蒲、再力花、鸢尾、千屈菜对 $COD_{Cr}$ 的平均去除效果相差不大，在 12% 左右，菖蒲稍低，为 8%。$COD_{Cr}$ 去除率如此低的原因主要是由前 3 次进水过程存在 $COD_{Cr}$ 淋出现象造成的。

### 5.2.2 稳定运行期污染物去除效果

试运行期检测结果表明，千屈菜（QQC）、菖蒲（CP）、香蒲（XP）、芦苇（LW）、黄花鸢尾（YW）和再力花（ZLH）等 6 种植物对 $NH_3-N$、$NO_3-N$、$TN$、$TP$、$COD_{Cr}$ 等污染物的去除效果差距不大，相互之间多在 2% 以内，故在稳定运行期，只选择其中之一开展污染物去除效果试验。相较而言，黄花鸢尾对 $NH_3-N$、$NO_3-N$、$TN$、$TP$ 的去除率都较高，所以，以黄花鸢尾（YW）所在反应器为代表进行稳定运行期污染物去除效果研究。

稳定运行期同样采取人工加水的方式模拟降雨径流进水，每次添加 7L 左右，共进水 40L，用时约 4h 完成。此阶段完成进水试验 5 次，进水时间间隔均为 6～12d，试验中平行的 2 个反应器同时进水，总进水量、进水时长和污染物浓度均基本一致。

　　美国北卡罗来纳州的 BMP 手册规定生物滞留池的渗透速率均须介于 $2.5\sim15.2\mathrm{cm/h}$ 之间[111]，本研究稳定运行期测得两个反应器的平均渗透速率分别为 $12.8\mathrm{cm/h}$ 和 $13.1\mathrm{cm/h}$，说明本研究采用的介质配比以及运行效果的监测数据具有参考意义，同时，也反应了本研究采用的基质均匀性较好，本部分的污染物检测结果为 2 个平行试验的平均值。稳定运行阶段 5 次进水试验，对应的污染物去除效果以四分位图表示，具体如图 5.13 所示。

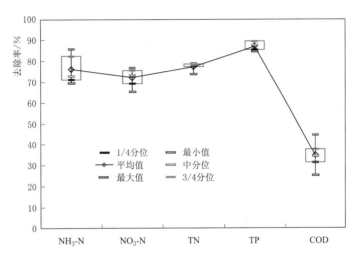

图 5.13　稳定运行期污染物去除效果

　　稳定运行期，$NH_3-N$、$NO_3-N$、TN 的去除率分别为 $68.79\%\sim85.71\%$、$65.02\%\sim76.32\%$、$73.66\%\sim78.55\%$，和试运行期后 3 次进水去除效果相当。在设计的填料组成及深度下，生物滞留池具备高效稳定的 $NH_3-N$ 去除能力。

　　对于底部无排水管的渗滤型生物滞留池，由于底部缺乏厌氧环境，$NO_3-N$ 去除效果往往较低，在某些研究中，甚至出现出水含量升高的现象。本研究中，使用的基质 $NO_3-N$ 本底值较低，再加上其中含有大量木屑，增强了基质的保水能力，在干湿交替期间生物滞留池下部基质中含水率长期处于接近饱和的水平，营造了适宜反硝化菌生长繁殖的厌氧/缺氧微环境，同时，大量木屑的存在为其提供了充足的碳源，以上条件为 $NO_3-N$ 通过反硝化反应去除提供了有利条件。在本试验条件下，不需要设置浸没区等强化脱氮条件即可取得较好的脱氮效果。

　　TP 的去除效果依然保持稳定水平，介于 $84.39\%$ 和 $89.11\%$ 之间，和试运行期去除效率相当。同样是由于基质本底值低和轮胎颗粒具有较强的 P 吸附能力的原因。

　　$COD_{Cr}$ 的去除率介于 $24.99\%$ 和 $44.20\%$ 之间，相比于试运行期，去除效果得到了较大提高。经过试运行期大概 2 个月的时间，基质中木屑析出的有机质越来越少，生物滞留池系统通过植物吸收微生物的吸附等手段提高了有机物的去除效率，从而取得了较为稳定的有机物去除效果。有机物浓度稳定的去除效果，也从侧面说明了系统中微生物起到了重要的作用。

## 5.3　本章小结

以研发的基质为过滤材料，搭配千屈菜、黄花鸢尾等植物，构建了 6 套小试试验模拟装置，研究滞留池试运行期基质本底对污染物去除效果的影响，并探讨稳定运行期对污染物的削减效果。得到以下结论：

（1）试运行期未发现基质存在 $NH_3$-N、TN、TP 的析出现象，说明使用的过滤材料本底氮磷营养盐浓度较低，适合作为滞留池基质。

（2）试运行期，基质出现有机物析出问题，第 1 次进水时析出最为严重，相对于进水 $COD_{Cr}$ 浓度 4.2～5.7mg/L，升高约为 32.45%（平均值）。

（3）在 3 次模拟降雨进水过程后，滞留池对 $NH_3$-N、$NO_3$-N、TN、TP 污染物去除效果趋于稳定；在 4 次进水后，$COD_{Cr}$ 的去除效果趋于稳定。

（4）稳定运行期，模拟装置对 $NH_3$-N、$NO_3$-N、TN、TP、$COD_{Cr}$ 等污染物的平均去除率分别为 76.07%、71.84%、77.18%、87.03%、34.36%。

# 第6章  生物接触氧化法运行参数优化

生物接触氧化法作为一种成熟的好氧生物处理工艺，主要工作原理在于利用附着于生物填料上的生物膜进行新陈代谢作用，消耗水体中的有机物和营养元素，实现对水体的净化。近年来，由于生物接触氧化法具有运行成本低、抗冲击负荷、出水水质好等优势，因此，该技术也逐渐被应用于受污染河道的水质净化。

生物接触氧化法运用于河道受污染水体净化过程中，研究人员在快速启动和挂膜特性[148,158-159]、填料优选及污染物去除效果[151,160-161]、分段进水方式强化氮磷去除[145,147-149]、温度对工艺运行的影响[162-163]等方面开展了大量小试试验，明确了该技术应用于河道水体净化的可行性，研究了该技术的影响因素及污染物去除特性，并进一步在丁山河、大清河和梁滩河等地[150,164-165]开展了技术示范。从文献调研结果看，该技术应用于受损河道水体净化效果显著，但存在缺乏系统的运行控制参数，技术示范处理效果显著低于小试试验的问题。

因此，本研究在对传统生物接触氧化法的研究基础上，构建了4组处理规模为 $20m^3/d$ 的生物接触氧化模拟装置，通过不同工况下的对比试验，确定工艺的最优设计和运行参数。开展了弹性填料、组合填料、悬浮球填料等不同填料对 $COD_{Cr}$、$NH_3-N$、$TN$、$TP$ 等污染物的去除效果研究。

## 6.1  试验条件与方法

### 6.1.1  试验装置

共设置4套生物接触氧化模拟装置，长宽高尺寸为 $4000mm \times 750mm \times 1100mm$（含150mm泥斗），采用PVC板材焊接，外侧使用方钢框架加固，并放置于方钢焊接的支架之上。采用高位水箱作为配水池，高位水箱尺寸为 $1000mm \times 1000mm \times 1000mm$，容积1000L，由PVC板焊接而成，置于尺寸为 $1050mm \times 1050mm \times 1500mm$ 的方钢支架之上。本试验在室外露天进行。试验装置示意图和实物图分别如图6.1和图6.2所示。

河水经由水位计控制的潜水泵泵入高位水箱，使用计量泵作为加药（调节进水污染物浓度）装置，与潜水泵同步启动，将配好的药液随河水一起泵入高位水箱。通过鼓风机供气，进气口位于曝气管中部。模拟装置中装填悬浮填料，底部铺设PVC管（$\phi16mm$）作为曝气管，其上每隔150mm开1个曝气孔，为了提高曝气的均匀性，采用中间小、两头大的孔径布置，中部孔径1.5mm，两侧孔径为2mm。曝气量通过气体流量计调节，曝气间隔由时间控制器控制，进水流量通过流量计调节，装置尾部设置溢流堰以及出水口。

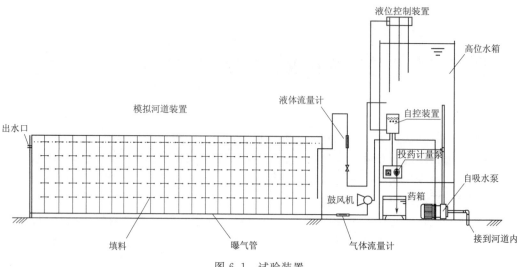

图 6.1 试验装置

图 6.2 生物接触氧化法试验装置实物图

装置的试验控制和加药单元位于高位水箱下，如图 6.3 所示，其中左上角为进水和加药自动控制部分，左下角为加药桶，右上角为控制装置进水流量的液体流量计，量程为200~2000L/h，右下角为控制曝气量的气体流量计，量程为 1~20m³/h。

作为空白对照，♯1 模拟装置未装填填料；♯2、♯3、♯4 装置分别装填弹性填料、组合填料、悬浮球填料（内为塑料丝）。填料直径皆为 150mm，全部由聚烯烃材料制成。弹性填料由纤维丝和尼龙线构成，组合填料由塑料片和纤维丝构成，悬浮球和塑料丝由塑料构成。弹性填料、组合填料、悬浮球填料、塑料丝的密度和比表面积分别为 1700kg/m³、560kg/m³、1180kg/m³、980kg/m³ 和 310m²/m³、380m²/m³、560m²/m³、106m²/m³。填料装填高度 800mm，间距 150mm，束距 80mm，每个反应器分别装填填料 125 串。

图 6.3 模拟试验装置控制单元

## 6.1.2 试验用水和污泥

使用北京市昆玉河河水配水作为试验用水。试验期间，试验用水水质情况如下：$COD_{Cr}$浓度为 $21\sim147mg/L$，$NH_3-N$ 浓度为 $3.45\sim7.55mg/L$，TN 浓度为 $4.38\sim11.54mg/L$，TP 浓度为 $0.12\sim0.70mg/L$，浊度为 $5\sim60$ 度，DO 浓度为 $2.9\sim5.1mg/L$。接种污泥取自北京某部队污水处理站二次沉淀池活性污泥，其质量浓度为 $5.46g/L$。

图 6.4 活性污泥来源污水厂

## 6.1.3 仪器设备及检测分析方法

1. 仪器设备

（1）美国 Hach 公司的分光光度计 DR5000 和 DR2800。

（2）YSI 多参数水质测量仪。

（3）蠕动泵（保定兰格恒流泵有限公司）。

（4）电热恒温水浴锅（北京中兴伟业仪器有限公司）。

（5）高压锅（合肥华泰医疗设备有限公司）。

（6）电子分析天平（美国丹佛仪器公司）。

（7）0.45$\mu$m 水系滤膜。

（8）250mL/500mL 锥形瓶。

2. 检测分析方法

DO、pH 值、水温，使用 YSI（型号 PRO plus）便携式水质分析仪检测；$NH_3 - N$ 采用纳氏比色法、$NO_3 - N$ 采用紫外分光光度法、TN 采用碱性过硫酸钾分光光度法、TP 采用钼锑抗分光光度法、$COD_{Cr}$ 采用 HACH 快速密闭式催化消解法。

### 6.1.4 试验方法

试验过程中，每个模拟装置中水深为 900mm，有效容积为 75mm×90mm×4000mm ＝2700L。

首先，采用先间歇培养后连续培养的方式，当 COD 和 $NH_3 - N$ 去除率稳定时，认为填料挂膜成功，反应器处于稳定运行状态。

第 1 阶段，间歇式培养阶段。将接种污泥加入模拟试验装置，厚约 20mm，通水至水深 900mm，对反应器的全部区域连续曝气，流量为 5$m^3$/h。闷曝 12h 后静置 1h，排空装置中污水，随出水流出的污泥经沉淀后重新投入模拟装置，共运行 4 个周期。本部分试验在 3d 内完成。每个周期结束时，监测装置中进出水 $COD_{Cr}$ 和 $NH_3 - N$ 的去除情况。

第 2 阶段，采用连续流方式培养。连续进水和曝气，控制 DO 浓度在 5mg/L，并逐渐提高进水负荷。本阶段试验连续进行 30d，每天监测装置中进出水 $COD_{Cr}$ 和 $NH_3 - N$ 的去除情况。

其后，开展运行参数的优化试验研究。根据前期小试结果，采用每隔 2h 曝气 2h 的间歇曝气方式，分别进行气水比、容积负荷、水力负荷等运行控制参数优化试验研究。

气水比试验阶段，进水流量为 500L/h，进水 $COD_{Cr}$ 浓度为 33.7～54.0mg/L，系统运行稳定后，分别以气水比 2∶1、4∶1、6∶1、8∶1、10∶1 进行本阶段试验，每个比例持续运行 4d，本部分实验持续 32d。

$COD_{Cr}$ 容积负荷试验阶段，进水流量为 500L/h，气水比 8∶1，系统稳定运行后，通过计量泵改变加药量，调节系统 $COD_{Cr}$ 容积负荷分别为 0.1kg/($m^3$·d)、0.2kg/($m^3$·d)、0.3kg/($m^3$·d)、0.4kg/($m^3$·d)、0.5kg/($m^3$·d)、0.6kg/($m^3$·d)、0.7kg/($m^3$·d)，每种负荷持续运行 4d，本部分试验持续 44d。

水力负荷试验阶段，进水 $COD_{Cr}$ 浓度为 45.8～54.3mg/L，$NH_3 - N$ 浓度为 3.045～3.812mg/L，气水比 8∶1，系统稳定运行后，调节进水流量分别为 6$m^3$/d、12$m^3$/d、18$m^3$/d、24$m^3$/d、30$m^3$/d、36$m^3$/d，每种负荷持续运行 4d，本部分试验持续 39d。

最后，在较优工况下，进行装填不同填料（弹性填料、组合填料、悬浮球填料）的模拟装置对 $COD_{Cr}$、$NH_3 - N$、TN、TP 净化效果研究。控制进水流量为 12$m^3$/d，气水比为 8∶1，采用每隔 2h 曝气 2h 的间歇曝气方式。每 2d 采集样品监测 1 次，共进行 15d。

在此阶段，在模拟装置水面下 150mm 处测得的 DO 浓度为 3.5～7.2mg/L，pH 值为
6.78～7.96。

## 6.2 结果与讨论

### 6.2.1 挂膜与启动过程

图 6.5 为间歇培养阶段进出水 $COD_{Cr}$ 和 $NH_3-N$ 浓度变化。由图 6.5 可见，在生物
膜间歇培养的 4 个周期内，反应器对污染物的去除能力增强，污染物的去除率逐渐升高。
其中，♯1 装置对 $COD_{Cr}$ 去除效率由 11.27％上升到 36.62％，♯2～♯4 装置由 30.46％～
37.50％升高到 65.11％～69.11％。$NH_3-N$ 变化趋势和 $COD_{Cr}$ 类似，♯2～♯4 装置去除
率由 8.27％～10.71％上升到 33.97％～36.79％，明显高于♯1（由 5.26％升至 21.03％），
说明装填填料对有机物和 $NH_3-N$ 削减作用显著。间歇培养后，肉眼明显观察到污泥附
着在填料表面的厚度在增加，颜色在变深，出水逐渐清澈。此时对 $COD_{Cr}$ 和 $NH_3-N$ 的

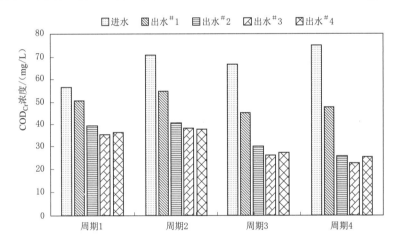

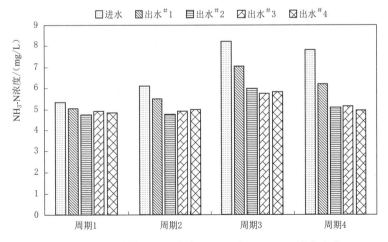

图 6.5　间歇培养阶段进出水 $COD_{Cr}$ 和 $NH_3-N$ 浓度变化

去除效率低于王曼等[158]的接触氧化室内试验结果，尤其是 $NH_3$ - N 的去除率，主要是因为本试验使用的悬浮填料，主要靠其上附着的微生物的降解作用，而王曼的试验中装填了大量的火山岩和砾石，填料本身对有机物和 $NH_3$ - N 具有一定的吸附效果。

图 6.6 为连续培养阶段进出水 $COD_{Cr}$ 和 $NH_3$ - N 浓度及去除率变化情况。由图 6.6 可见，进水 $COD_{Cr}$ 浓度为 30～81mg/L，$NH_3$ - N 浓度为 3.55～7.05mg/L，#2～#4 装置出水 $COD_{Cr}$ 浓度分别为 21～45mg/L、13.7～24mg/L、8～29mg/L、13～29mg/L，$NH_3$ - N 浓度分别为 3.47～5.13mg/L、1.27～4.45mg/L、1.09～4.33mg/L、1.75～4.70mg/L，$COD_{Cr}$ 平均去除率分别为 36.50%、60.09%、66.89%、60.05%，$NH_3$ - N 平均去除率分别为 23.34%、53.38%、57.10%、52.38%。在前 5 天内，各反应器对 $COD_{Cr}$ 和 $NH_3$ - N 的去除效率上升很快，在第 12 天时，对 $COD_{Cr}$ 去除率基本能达到稳定

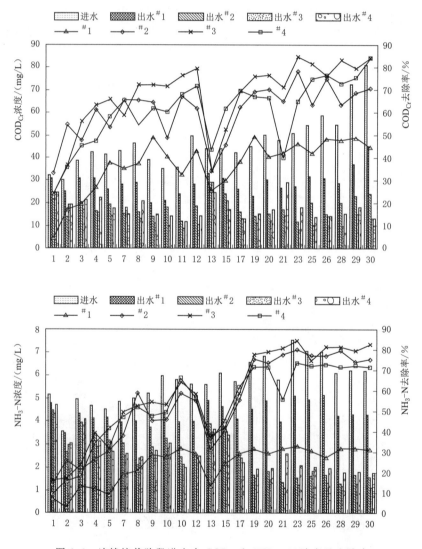

图 6.6　连续培养阶段进出水 $COD_{Cr}$ 和 $NH_3$ - N 浓度及去除率

的水平（60％以上），对 $NH_3-N$ 的去除率也达到较高水平（65％）。在第 19 天时，对 $NH_3-N$ 的去除率达到稳定的水平（70％以上）。反应温度的下降会对脱氮除磷效果造成明显影响，当反应器中水体温度低于 15℃时，$NH_3-N$ 的去除率降低明显[117,150]。

反应器对 $NH_3-N$ 的去除率相对较低，这主要是由于此阶段进水温度较低（12～17℃），不利于硝化反应进行造成的。运行至第 13 天的时候，进水管道内生长了大量鼻涕状物质，堵塞了进水管道，$COD_{Cr}$ 和 $NH_3-N$ 的去除率皆降到了 40％以下。这可能是由于进水量急剧减少，HRT 过长，造成装置中有机物、营养盐等的不足影响了微生物菌群系统生存环境，从而进一步影响了污染物去除效率[224]。清理流量计和管道后，进水系统运行恢复正常。5d 后，系统对 $COD_{Cr}$ 和 $NH_3-N$ 的去除效果达到了稳定水平。第 21 天时，潜水泵钢丝滤网部分破碎，小鱼进入系统并使 ♯4 液体流量计卡滞，♯4 装置进水受到影响，导致对污染物的去除率降低，清理后 3d 恢复正常。试运行试验系统规模较大，在运行过程中出现的问题表明进水系统稳定性对系统正常运行意义重大，可为工程实践提供参考。

### 6.2.2 运行参数优化

#### 6.2.2.1 气水比

气水比是生物接触氧化技术应用设计当中的关键，对处理效果的好坏和工程投资、运行费用大小起决定作用。图 6.7 为气水比优化试验结果。由图 6.7 可见，进水 $COD_{Cr}$ 浓度为 33.7～54.0mg/L、$NH_3-N$ 浓度为 3.98～5.5mg/L，出水 $COD_{Cr}$ 浓度为 10.5～21mg/L、$NH_3-N$ 浓度为 0.83～1.32mg/L，$COD_{Cr}$ 和 $NH_3-N$ 的去除率分别为 62.53％～78.21％、72.33％～83.30％，平均去除率分别为 70.36％、78.27％。随着气水比的增大，$COD_{Cr}$ 去除率呈先升高后降低的趋势，6：1 时去除效果最好（平均为 75.97％），但总体上都能维持 60％以上的较高水平。与 $COD_{Cr}$ 的变化类似，$NH_3-N$ 的去除率随气水比的增大，呈先增大后降低的趋势，在 8：1 时达到最高（平均为

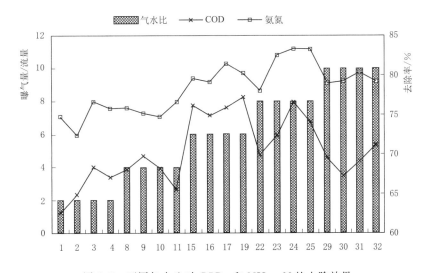

图 6.7 不同气水比时 $COD_{Cr}$ 和 $NH_3-N$ 的去除效果

81.71%)，曝气量的进一步增大对 $NH_3-N$ 削减不明显。生物反应器脱氮除磷是一个连续的复杂反应机制[142]。气水比增大，反应器内部 DO 浓度升高，一方面促进了有机物氧化和聚磷菌吸磷，且曝气吹脱对 $NH_3-N$ 去除起一定积极作用，提高了 $NH_3-N$ 去除效率；另一方面抑制了反硝化菌的活性，不利于 TN 的反硝化反应，会影响了 $NH_3-N$ 去除效率[143]。试验进行到第 11 天，对污染物的去除效果有一定程度的降低，这可能是由于当天出现了一次降雨降温过程，温度较大幅度下降了 8℃，低温降至 13℃ 造成的[117,150]。

### 6.2.2.2　$COD_{Cr}$容积负荷

$COD_{Cr}$容积负荷是接触氧化工艺的一个重要参数，它集中反映了进水中有机物浓度和水力停留时间对生物处理过程的综合影响。图 6.8 为 $COD_{Cr}$ 容积负荷优化试验结果。由图 6.8 可见，$COD_{Cr}$ 进水负荷由 $0.102kg/(m^3 \cdot d)$ 增至 $0.706kg/(m^3 \cdot d)$ 的过程中，$COD_{Cr}$ 和 $NH_3-N$ 去除率分别为 65.31%~79.52%、69.09%~84.07%，平均分别为 73.88%、76.65%。$COD_{Cr}$ 和 $NH_3-N$ 的去除率虽然有所波动，但总体上呈下降趋势，与 $COD_{Cr}$ 容积负荷呈负相关关系；$COD_{Cr}$ 容积负荷为 $0.1~0.5kg/(m^3 \cdot d)$ 时，$COD_{Cr}$ 和 $NH_3-N$ 的去除率相对较高，分别维持在 74.76% 和 76.32%（平均值）以上，这也说明了生物接触氧化技术抗污染负荷的特点。$COD_{Cr}$ 容积负荷较小时，$COD_{Cr}$ 和 $NH_3-N$ 去除率变化不明显，分析出现上述结果的原因认为：当容积负荷在一定范围内升高，有利于污水中保持相对较高的有机物浓度，使得占有优势的易养菌新陈代谢作用旺盛，有利于污染物生物降解[144]。这和张雅等[145]以山东省小沙河污水为处理对象的小试研究具有类似的结果。当 $COD_{Cr}$ 容积负荷增大至某一值时，可能会使异养菌成为反应器中的优势菌种，从而明显抑制硝化反应，降低 $NH_3-N$ 的去除率[146]。本试验中，$COD_{Cr}$ 容积负荷最大为 $0.706kg/(m^3 \cdot d)$，变化范围相对较小，并未达到足以导致异养菌成为优势菌种的

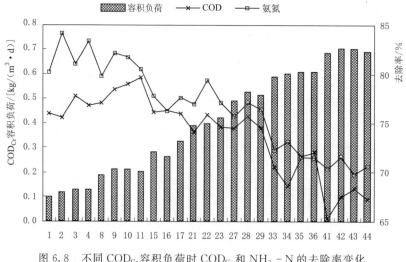

图 6.8　不同 $COD_{Cr}$ 容积负荷时 $COD_{Cr}$ 和 $NH_3-N$ 的去除率变化

程度，故硝化反应未受到明显抑制，$NH_3-N$ 的去除率降低较小。

### 6.2.2.3 水力负荷

水力负荷是单位体积滤料每天可以处理的废水水量，是沉淀池、生物滤池等设计和运行的重要参数。

图 6.9 为水力负荷优化试验结果。由图 6.9 可见，随着水力负荷升高，$COD_{Cr}$ 和 $NH_3-N$ 的去除率明显降低。水力负荷在 $2.4\sim7.6\mathrm{m}^3/(\mathrm{m}^3\cdot\mathrm{d})$ 时，$COD_{Cr}$ 的去除率维持在较高水平，去除率为 $69.10\%\sim80.28\%$。随着水力负荷的进一步增大，去除率下降明显，至水力负荷在 $9.6\mathrm{m}^3/(\mathrm{m}^3\cdot\mathrm{d})$ 以上，已低于 $60\%$，至本试验的最大水力负荷 $14.4\mathrm{m}^3/(\mathrm{m}^3\cdot\mathrm{d})$，已降至 $35\%$ 左右。$NH_3-N$ 去除率的变化趋势与 $COD_{Cr}$ 基本一致。彭福全等[161]以昆明大清河受污染水体为研究对象，得到的水力负荷与污染物去除效果的关系与本研究结果有相似趋势，但其对污染物去除率随水力负荷的变化相对更剧烈。分析出现上述结果的原因认为：该研究采用的模拟装置规模较小，过水断面面积仅为 $0.12\mathrm{m}^2$，更易受到水量的影响。

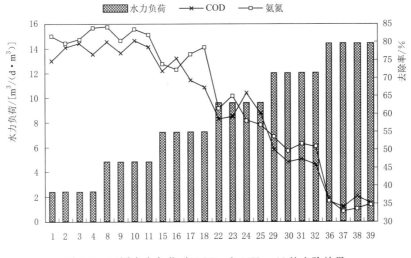

图 6.9　不同水力负荷时 $COD_{Cr}$ 和 $NH_3-N$ 的去除效果

### 6.2.3 填料比选结果分析

稳定状态时（第 $5\sim15$ 天），♯1～♯4 装置对 $COD_{Cr}$ 去除率分别为 $37.94\%\sim47.87\%$、$68.51\%\sim74.28\%$、$72.12\%\sim78.85\%$、$65.56\%\sim75.98\%$，平均为 $43.37\%$、$72.58\%$、$74.87\%$、$70.14\%$；对 $NH_3-N$ 去除率分别为 $30.03\%\sim31.80\%$、$71.84\%\sim79.79\%$、$75.26\%\sim81.15\%$、$68.26\%\sim74.82\%$，平均为 $30.89\%$、$76.47\%$、$78.37\%$、$71.42\%$；对 TN 去除率分别为 $9.31\%\sim15.71\%$、$29.76\%\sim36.84\%$、$28.74\%\sim41.55\%$、$26.01\%\sim36.16\%$，平均为 $11.59\%$、$34.76\%$、$34.39\%$、$31.06\%$；对 TP 去除率分别为 $10.81\%\sim17.67\%$、$42.08\%\sim50.20\%$、$38.22\%\sim49.80\%$、$34.36\%\sim45.72\%$，平均为 $14.46\%$、$45.67\%$、$44.69\%$、$41.02\%$。

如图 6.10 所示，3 种填料中，组合填料（♯3 模拟装置）对 $COD_{Cr}$、$NH_3 - N$、TN、TP 的去除效果较好，去除率分别稳定在 74.87％、78.37％、34.39％、44.69％以上，优于弹性填料和悬浮球填料。♯2、♯3、♯4 装置对 $COD_{Cr}$、$NH_3 - N$、TN、TP 的去除效果明显好于♯1，平均去除率高 20％～30％，说明装填填料对污染物去除具有明显强化作用。对比张辉[149-150]等采用弹性填料，在大清河进行了生物接触氧化净化受污染河水的现场试验，对比其研究结果，本研究对 $COD_{Cr}$、$NH_3 - N$、TN、TP 的去除率能高出 10％～15％，而且去除效果更加稳定。葛俊等[144]采用砾间接触氧化法处理白鹤溪受污染水，其对 $COD_{Cr}$ 的去除率在 45％左右，其他指标处理效果相近，有机物去除差异主要是由于填料不同的原因。

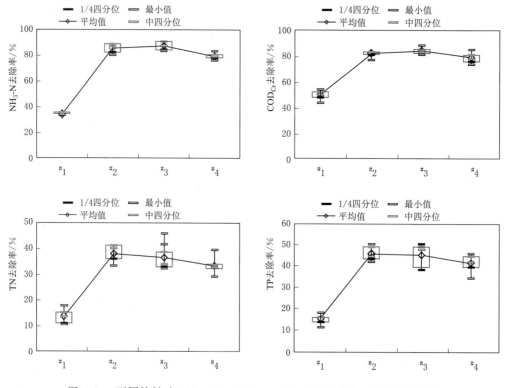

图 6.10　不同填料对 $NH_3 - N$、$COD_{Cr}$、TN、TP 的去除效果的四分位图

## 6.2.4　污染物去除效果分析

采用 2 - 2(h) 间歇曝气方式，进水流量 486L/h，气水比为 8∶1，使用组合填料，进水 $COD_{Cr}$ 浓度为 49.5～62.3mg/L、$NH_3 - N$ 浓度为 5.86～7.55mg/L、TN 浓度为 9.88～11.54mg/L、TP 浓度为 0.628～0.702mg/L，上述工况下，生物接触氧化模拟装置稳定运行时，DO 浓度为 3.5～7.2mg/L，pH 值为 6.78～7.96，$COD_{Cr}$、$NH_3 - N$、TN、TP 等污染物去除效果如图 6.11 所示。由图可见，模拟装置进水中各污染物负荷相对稳定，出水也保持较为稳定的状态。$COD_{Cr}$、$NH_3 - N$、TN、TP 的去除率分别为 72.67％±

2.13%、76.53%±3.19%、34.76%±3.05%、46.12%±3.43%（平均值±标准差）。在第7天时，经历了一次降雨降温过程，导致了$COD_{Cr}$、$NH_3-N$、TP、TN的去除率出现了较为明显的下降，降低约5%，之后2d内恢复到降雨前水平，受到的影响相对较小。

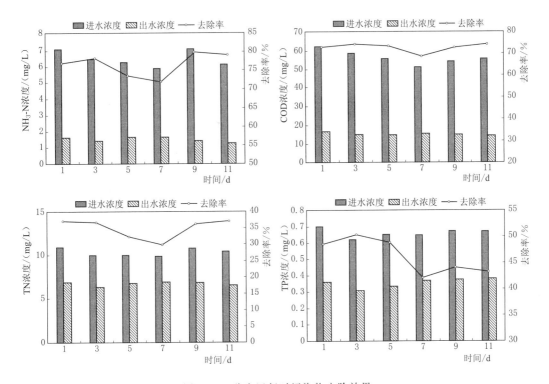

图6.11 稳定运行时污染物去除效果

上述进水负荷及试运行试验条件下，出水$COD_{Cr}$、$NH_3-N$、TN、TP浓度达到《城镇污水处理厂污染物排放标准》（GB 18918—2002）一级A排放标准，$COD_{Cr}$、$NH_3-N$浓度达到《地表水环境质量标准》（GB 3838—2002）规定的Ⅲ类水标准。相较于$COD_{Cr}$和$NH_3-N$的高去除率，TN和TP的去除率相对较低。这可能是由于系统中DO浓度较高，好氧环境不利于TN和TP的去除。李璐等[149]采用接触氧化工艺在大清河进行水质净化试验研究，其在丰水期对TP的平均去除率为55%，高于本试验中的44.69%，这主要是由于该试验水力负荷相对较低，且存在污泥回流（回流比200%），强化了氮、磷去除作用。

### 6.2.5 运行过程出现的问题

本研究设计的中试模拟装置规模大，日处理水量接近甚至超过农村小型河道沟渠实际流量，试运行试验过程中出现的问题和解决方法，对河道原位修复或旁路系统大型试验和工程实践具备一定的参考意义。

试运行试验过程中出现的问题如下：

（1）8—9月，伴随夏季高温，模拟装置中滋生大量藻类，以水棉为主，对水体净化有一定的辅助作用，但水体有腥臭味，而且水棉死亡后将带来二次污染。

（2）输水管中微生物繁殖迅速，产生大量鼻涕状黏稠物质，造成输水管线及过滤网堵塞，影响系统正常运行。

（3）进水口滤网破损，水草及垃圾堵塞进水口，导致潜水泵功能故障；水草、小型鱼类进入系统，卡滞液体流量计。输水过滤网堵塞和藻类滋生如图 6.12 所示。

图 6.12　试验过程出现的输水过滤网堵塞和藻类滋生问题

通过在模拟装置上方加盖避光遮阳网，有效控制了藻类滋生问题，水棉明显减少；进水口外设置了进水格栅、钢丝过滤网，更换了大口径的输水管并设置了管线坡度，避免了输水系统堵塞问题。

## 6.3　本章小结

本章构建了 4 组处理规模为 $20m^3/d$ 的生物接触氧化模拟装置，系统开展了气水比、$COD_{Cr}$ 容积负荷、水力负荷等运行控制参数优化研究，讨论了弹性填料、组合填料、悬浮球填料在较佳工况下对 $COD_{Cr}$、$NH_3-N$、TN、TP 的去除效果，得到以下结论：

（1）启动阶段，采用先间歇培养后连续培养的方式，在第 12 天时，对 $COD_{Cr}$ 去除率基本能达到稳定水平（75% 以上），在第 19 天时，对 $NH_3-N$ 的去除率达到稳定水平（70% 以上）。

（2）采用 2-2(h) 间歇曝气方式，气水比 6:1～8:1、$COD_{Cr}$ 容积负荷 0.1～0.5kg/($m^3 \cdot d$)、水力负荷 2.4～7.2$m^3$/($m^3 \cdot d$) 时，模拟系统对 $COD_{Cr}$ 和 $NH_3-N$ 有较好的去除效果；$COD_{Cr}$ 容积负荷、水力负荷与 $COD_{Cr}$ 和 $NH_3-N$ 去除率呈负相关关系。组合填料对 $COD_{Cr}$、$NH_3-N$、TN、TP 的去除率优于弹性填料和悬浮球填料。

（3）采用 2-2(h) 间歇曝气方式，进水流量 486L/h，气水比为 8:1，使用组合填料，在此工况时，DO 浓度为 3.5～7.2mg/L，pH 值为 6.78～7.96，生物接触氧化模拟装置对 $COD_{Cr}$、$NH_3-N$、TN、TP 的去除率分别为 72.67%±2.13%、76.53%±3.19%、34.76%±3.05%、46.12%±3.43%。

# 参 考 文 献

［ 1 ］ Lassaletta L，Billen G，Grizzetti B，et al. 50 year trends in nitrogen use efficiency of world crop-ping systems：the relationship between yield and nitrogen input to cropland ［J］. Environmental Research Letters，2014，9 (10)：105011.

［ 2 ］ Zhang X，Davidson E A，Mauzerall D L，et al. Managing nitrogen for sustainable development ［J］. Nature，2015，528 (7580)：51 - 59.

［ 3 ］ Lu C，Tian H. Global nitrogen and phosphorus fertilizer use for agriculture production in the past half century：shifted hot spots and nutrient imbalance ［J］. Earth System Science Data，2017，9 (1)：181 - 192.

［ 4 ］ 王伟妮，鲁剑巍，李银水，等. 当前生产条件下不同作物施肥效果和肥料贡献率研究 ［J］. 中国农业科学，2010，43 (19)：3997 - 4007.

［ 5 ］ Tilman D，Cassman K G，Matson P A，et al. Agricultural sustainability and intensive production practices ［J］. Nature，2002，418 (6898)：671 - 677.

［ 6 ］ FAO，IFAD，WFP. The state of food insecurity in the world 2014. Strengthening the enabling en-vironment for food security and nutrition ［J］. Rome Italy Fao，2014.

［ 7 ］ 苟桃吉. 施肥对不同利用模式下紫色土氮磷累积特征的影响 ［D］. 重庆：西南大学，2019.

［ 8 ］ Chen D，Lu J，Shen Y，et al. Estimation of critical nutrient amounts based on input - output anal-ysis in an agriculture watershed of eastern China ［J］. Agriculture，Ecosystems & Environment，2009，134 (3 - 4)：159 - 167.

［ 9 ］ Ongley E D，Xiaolan Z，Tao Y. Current status of agricultural and rural non - point source Pollution assessment in China ［J］. Environmental Pollution，2010，158 (5)：1159 - 1168.

［10］ Cao D，Cao W，Fang J，et al. Nitrogen and phosphorus losses from agricultural systems in China：A meta - analysis ［J］. Marine Pollution Bulletin，2014，85 (2)：727 - 732.

［11］ Wu Y，Liu J，Shen R，et al. Mitigation of nonpoint source pollution in rural areas：From control to synergies of multi ecosystem services ［J］. Science of the Total Environment，2017，607 - 608：1376 - 1380.

［12］ Wang J，Chen J，Jin Z，et al. Simultaneous removal of phosphate and ammonium nitrogen from agricultural runoff by amending soil in lakeside zone of Karst area，Southern China ［J］. Agricul-ture，Ecosystems & Environment，2020，289：106745.

［13］ 国家统计局. 中国统计年鉴 2018 ［M］. 北京：中国统计出版社，2018.

［14］ 生态环境部，国家统计局，农业农村部. 第二次全国污染源普查公报 ［R］. 北京：中华人民共和国生态环境部，2020.

［15］ 朱兆良. 中国土壤氮素研究 ［J］. 土壤学报，2008，45 (5)：778 - 783.

［16］ Cui Z，Zhang F，Chen X，et al. On - farm evaluation of an in - season nitrogen management strat-egy based on soil $N_{min}$ test ［J］. Field Crops Research，2008，105 (1 - 2)：48 - 55.

［17］ 郝小雨. 过量施用磷肥对白菜类蔬菜吸收矿质养分的影响研究 ［D］. 保定：河北农业大学，2009.

［18］ Ministry of Environmental Protection，National Bureau of Statistics，Ministry of Agricul-ture. Bulletin on the first national census on pollution sources of China ［R］. Beijing：Ministry of Environmental Protection of the People's Republic of China，2010.

［19］ 王月，房云清，纪婧，等 . 不同降雨强度下旱地农田氮磷流失规律［J］. 农业资源与环境学报，2019，36（06）：814 - 821.

［20］ Lu Y，Song S，Wang R，et al. Impacts of soil and water pollution on food safety and health risks in China［J］. Environment International，2015，77：5 - 15.

［21］ 赵玉丽，牛健植 . 人工模拟降雨试验降雨特性及问题分析［J］. 水土保持研究，2012，19（4）：278 - 283.

［22］ 王添，任宗萍，李鹏，等 . 模拟降雨条件下坡度与地表糙度对径流产沙的影响［J］. 水土保持学报，2016，30（06）：1 - 6.

［23］ 王国重，李中原，屈建钢，等 . 模拟降雨条件下豫西南山区农地径流污染物变化规律［J］. 水土保持研究，2017，24（04）：311 - 314，323.

［24］ Wang G，Li Z，Zhang J，et al. Loss rules of total nitrogen and total phosphorus in the soils of southwest mountains in henan province，China under artificial rainfall［J］. Applied Ecology and Environmental Research，2019，17（1）：451 - 461.

［25］ Wu L，Peng M，Qiao S，et al. Assessing impacts of rainfall intensity and slope on dissolved and adsorbed nitrogen loss under bare loessial soil by simulated rainfalls［J］. CATENA，2018，170：51 - 63.

［26］ 匡武，芮明，张彦辉，等 . 巢湖湖滨带生态恢复工程对暴雨径流氮磷削减效果研究［J］. 长江流域资源与环境，2015，24（11）：1906 - 1912.

［27］ 唐双成，罗纨，贾忠华，等 . 雨水花园对暴雨径流的削减效果［J］. 水科学进展，2015，26（06）：787 - 794.

［28］ 王建富，杜晓丽，李俊奇 . 人工湿地技术在暴雨径流处理中的应用（英文）［J］. Journal of Southeast University（English Edition），2014，30（2）：197 - 201.

［29］ 孙小梅 . 村落无序排放污水的氧化塘技术研究［D］. 南京：东南大学，2014.

［30］ Wang L，Li T. Anaerobic ammonium oxidation in constructed wetlands with bio - contact oxidation as pretreatment［J］. Ecological Engineering，2011，37（8）：1225 - 1230.

［31］ 胡鹏 . 微孔曝气与生物膜法处理农村受污染水体实验研究［D］. 北京：中国水利水电科学研究院，2015.

［32］ 贺缠生，傅伯杰，陈利顶 . 非点源污染的管理及控制［J］. 环境科学，1998（05）：3 - 5.

［33］ Jia Z，Tang S，Luo W，et al. Water quality improvement through five constructed serial wetland cells and its implications on nonpoint - source pollution control［J］. Hydrological Sciences Journal，2016，61（16）：2946 - 2956.

［34］ Ma B，Guan R，Liu L，et al. Nitrogen loss in vegetable field under the simulated rainfall experiments in Hebei，China［J］. Water，2021，13（4）：552.

［35］ Bai X，Shen W，Wang P，et al. Response of non - point source pollution loads to land use change under different precipitation scenarios from a future perspective［J］. Water Resources Management，2020，34（13）：3987 - 4002.

［36］ 张水龙，庄季屏 . 农业非点源污染研究现状与发展趋势［J］. 生态学杂志，1998（6）：3 - 5.

［37］ 夏军，翟晓燕，张永勇 . 水环境非点源污染模型研究进展［J］. 地理科学进展，2012，31（7）：941 - 952.

［38］ Liu R，Wang Q，Xu F，et al. Impacts of manure application on SWAT model outputs in the Xiangxi River watershed［J］. Journal of Hydrology，2017，555：479 - 488.

［39］ Carpenter S R，Caraco N F，Correll D L，et al. Nonpoint pollution of surface waters with phosphorus and nitrogen［J］. Ecological Applications，1998，8（3）：559.

［40］ Sun B，Zhang L，Yang L，et al. Agricultural non - point source pollution in China：causes and mitigation measures [J]. Ambio, 2012, 41 (4): 370 – 379.

[41] Sundareshwar P V. Phosphorus limitation of coastal ecosystem processes [J]. Science, 2003, 299 (5606): 563 – 565.

[42] Xing G X, Zhu Z L. An assessment of N loss from agricultural fields to the environment in China [J]. Nutrient Cycling in Agroecosystems, 2000, 57 (1): 67 – 73.

[43] Yang B, Huang K, Sun D, et al. Mapping the scientific research on non – point source pollution: a bibliometric analysis [J]. Environmental Science and Pollution Research, 2017, 24 (5): 4352 – 4366.

[44] Cameron K C, Di H J, Moir J L. Nitrogen losses from the soil/plant system: a review [J]. Annals of Applied Biology, 2013, 162 (2): 145 – 173.

[45] 娄和震, 吴习锦, 郝芳华, 等. 近三十年中国非点源污染研究现状与未来发展方向探讨 [J]. 环境科学学报, 2020, 40 (5): 1535 – 1549.

[46] James D W, Kotuby – Amacher J, Anderson G L, et al. Phosphorus mobility in calcareous soils under heavy manuring [J]. Journal of Environmental Quality, 1996, 25 (4): 770 – 775.

[47] Schuman G E, Burwell R E. Precipitation nitrogen contribution relative to surface runoff discharges [J]. Journal of Environmental Quality, 1974, 3 (4): 366 – 369.

[48] Boers P C. Nutrient emissions from agriculture in the Netherlands, causes and remedies [J]. Water Science and Technology, 1996, 33 (4 – 5).

[49] Kronvang B, Græsbøll P, Larsen S E, et al. Diffuse nutrient losses in Denmark [J]. Water Science and Technology, 1996, 33 (4 – 5): 81 – 88.

[50] 郝韶楠, 李叙勇, 杜新忠, 等. 平原灌区农田养分非点源污染研究进展 [J]. 生态环境学报, 2015, 24 (07): 1235 – 1244.

[51] 李丽华, 李强坤. 农业非点源污染研究进展和趋势 [J]. 农业资源与环境学报, 2014 (01): 13 – 22.

[52] 陈玲. 香溪河流域典型坡耕地氮磷流失机理研究 [D]. 宜昌: 三峡大学, 2013.

[53] 黄勇梅. 澎溪河流域土地利用变化对非点源污染的影响研究 [D]. 武汉: 武汉大学, 2017.

[54] 王丽. 黄土坡地土壤氮磷流失人工降雨模拟实验研究 [D]. 杨凌: 西北农林科技大学, 2015.

[55] 熊丽君. 基于 GIS 的非点源污染研究 [D]. 南京: 河海大学, 2004.

[56] 李廷轩, 张锡洲, 王昌全, 等. 保护地土壤次生盐渍化的研究进展 [J]. 西南农业学报, 2001 (S1): 103 – 107.

[57] Min J, Zhang H, Shi W. Optimizing nitrogen input to reduce nitrate leaching loss in greenhouse vegetable production [J]. Agricultural Water Management, 2012, 111: 53 – 59.

[58] Fatemi A. Strategies and policies for water quality management of Gharasou River, Kermanshah, Iran: a review [J]. Environmental Earth Sciences, 2020, 79 (11): 254.

[59] Opoku – Kwanowaa Y, Furaha R K, Yan L, et al. Effects of planting field on groundwater and surface water pollution in China [J]. Clean – Soil Air Water, 2020, 48 (5 – 6): 190 – 452.

[60] 邬伦, 李佩武. 降雨-产流过程与氮、磷流失特征研究 [J]. 环境科学学报, 1996 (01): 111 – 116.

[61] A. I. F, T. R. H, P. M. H. The effect of rainfall intensity on soil erosion and particulate phosphorus transfer from arable soils [J]. Water Science and Technology, 1999, 39 (12): 41 – 45.

[62] Grigg B C, Southwick L M, Fouss J L, et al. Climate impacts on nitrate loss in drainage waters from a southern alluvial soil [J]. Transactions of the ASAE, 2004, 47 (2): 445 – 451.

[63] Shen H, Zheng F, Wen L, et al. Impacts of rainfall intensity and slope gradient on rill erosion processes at loessial hillslope [J]. Soil and Tillage Research, 2016, 155: 429 – 436.

[64] 陈玲, 刘德富, 宋林旭, 等. 不同雨强下黄棕壤坡耕地径流养分输出机制研究 [J]. 环境科学,

2013，34（6）：2151 – 2158.

［65］ 肖雄，吴华武，李小雁. 壤中流研究进展与展望［J］. 干旱气象，2016，34（3）：391 – 402.

［66］ Van Schaik N L M B, Schnabel S, Jetten V G. The influence of preferential flow on hillslope hy-drology in a semi – arid watershed (in the spanish dehesas) ［J］. Hydrological Processes，2008，22（18）：3844 – 3855.

［67］ 林超文，庞良玉，罗春燕，等. 平衡施肥及雨强对紫色土养分流失的影响［J］. 生态学报，2009，29（10）：5552 – 5560.

［68］ 王丽，王力，王全九. 不同坡度坡耕地土壤氮磷的流失与迁移过程［J］. 水土保持学报，2015，29（2）：69 – 75.

［69］ 秦延文，韩超南，郑丙辉，等. 三峡水库水体溶解磷与颗粒磷的输移转化特征分析［J］. 环境科学，2019，40（5）：2152 – 2159.

［70］ 李丹. 不同化肥用量及降雨强度下磷素流失特征研究［D］. 成都：西南交通大学，2017.

［71］ 梁斐斐，蒋先军，袁俊吉，等. 降雨强度对三峡库区坡耕地土壤氮、磷流失主要形态的影响［J］. 水土保持学报，2012，26（4）：81 – 85.

［72］ Gutiérrez R A. Systems biology for enhanced plant nitrogen nutrition ［J］. Science，2012，336（6089）：1673 – 1675.

［73］ Gilley J E, Eghball B. Residual effects of compost and fertilizer applications on nutrients in runoff ［J］. Transactions of the ASAE，2002，45（6）：1905 – 1910.

［74］ Wang D, Guo L, Zheng L, et al. Effects of nitrogen fertilizer and water management practices on nitrogen leaching from a typical open field used for vegetable planting in northern China ［J］. Agri-cultural Water Management，2019，213：913 – 921.

［75］ Wang R, Min J, Kronzucker H J, et al. N and P runoff losses in China's vegetable production sys-tems：Loss characteristics, impact, and management practices ［J］. Science of the Total Environ-ment，2019，663：971 – 979.

［76］ Schmidt J R, Shaskus M, Estenik J F, et al. Variations in the microcystin content of different fish species collected from a eutrophic lake ［J］. Toxins，2013，5（5）：992 – 1009.

［77］ 侯金权，张杨珠，龙怀玉，等. 不同施肥处理对白菜的物质积累与养分吸收的影响［J］. 水土保持学报，2009，23（5）：200 – 204.

［78］ Cui N, Cai M, Zhang X, et al. Runoff loss of nitrogen and phosphorus from a rice paddy field in the east of China：Effects of long – term chemical N fertilizer and organic manure applications ［J］. Global Ecology and Conservation，2020，22：e01011.

［79］ 黄宗楚，郑祥民，姚春霞. 上海旱地农田氮磷随地表径流流失研究［J］. 云南地理环境研究，2007（1）：6 – 10.

［80］ 蔡媛媛，王瑞琪，王丽丽，等. 华北平原不同施氮量与施肥模式对作物产量与氮肥利用率的影响［J］. 农业资源与环境学报，2020，37（4）：503 – 510.

［81］ 武良，张卫峰，陈新平，等. 中国农田氮肥投入和生产效率［J］. 中国土壤与肥料，2016（4）：76 – 83.

［82］ 陈乾. 菜地环保施肥及其径流氮磷减排技术研究［D］. 杭州：浙江大学，2018.

［83］ 林超文，罗春燕，庞良玉，等. 不同雨强和施肥方式对紫色土养分损失的影响［J］. 中国农业科学，2011，44（09）：1847 – 1854.

［84］ 李娟. 不同施肥处理对稻田氮磷流失风险及水稻产量的影响［D］. 杭州：浙江大学，2016.

［85］ 陈晓安，杨洁，汤崇军，等. 雨强和坡度对红壤坡耕地地表径流及壤中流的影响［J］. 农业工程学报，2017，33（9）：141 – 146.

［86］ 刘月娇. 不同降雨强度和纱网覆盖下紫色土坡耕地水土流失与养分输出特征［D］. 重庆：西南

大学，2016.

[87] 侯旭蕾. 降雨强度、坡度对红壤坡面水文过程的影响研究 [D]. 长沙：湖南师范大学，2013.

[88] 史文娟，马媛，王娟，等. 地形因子对陕北坡耕枣树地产流产沙的影响及模拟研究 [J]. 水土保持学报，2014，28 (02)：25 - 29.

[89] 胡博. 不同坡度及降雨强度下面源污染中磷素流失特征研究 [D]. 成都：西南交通大学，2017.

[90] 李虎军. 坡长和植被对坡面水土养分流失特征的影响研究 [D]. 西安：西安理工大学，2018.

[91] Black A S，Sherlock R R，Cameron K C，et al. Comparison of three field methods for measuring ammonia volatilization from urea granules broadcast on to pasture [J]. Journal of Soil Science，1985，36 (2)：271 - 280.

[92] Black A S，Sherlock R R，Smith N P，et al. Effects of form of nitrogen, season, and urea application rate on ammonia volatilisation from pastures [J]. New Zealand Journal of Agricultural Research，1985，28 (4)：469 - 474.

[93] Al - Kanani T，MacKenzie A F，Barthakur N N. Soil water and ammonia volatilization relationships with surface - applied nitrogen fertilizer solutions [J]. Soil Science Society of America Journal，1991，55 (6)：1761 - 1766.

[94] 陈安磊，王卫，张文钊，等. 土地利用方式对红壤坡地地表径流氮素流失的影响 [J]. 水土保持学报，2015，29 (1)：101 - 106.

[95] 陈晓安，杨洁，郑太辉，等. 赣北第四纪红壤坡耕地水土及氮磷流失特征 [J]. 农业工程学报，2015，31 (17)：162 - 167.

[96] 丁文峰，张平仓. 紫色土坡面壤中流养分输出特征 [J]. 水土保持学报，2009，23 (4)：15 - 19，53.

[97] 李恒鹏，金洋，李燕. 模拟降雨条件下农田地表径流与壤中流氮素流失比较 [J]. 水土保持学报，2008 (2)：6 - 9，46.

[98] 刘娟，包立，张乃明，等. 我国 4 种土壤磷素淋溶流失特征 [J]. 水土保持学报，2018，32 (5)：67 - 73.

[99] 宗净. 城市的蓄水囊——滞留池和储水池在美国园林设计中的应用 [J]. 中国园林，2005 (03)：55 - 59.

[100] 刘蕴哲. 河流水体岸边生物滞留净化系统试验研究 [D]. 南京：东南大学，2016.

[101] 刘靖文. 带有淹没区的生物滞留池优化设计与运行研究 [D]. 南京：东南大学，2015.

[102] 张小卫. 小型一体化生物接触氧化装置处理大学校园污水的试验研究 [D]. 乌鲁木齐：新疆农业大学，2015.

[103] Payne E G I，Fletcher T D，Russell D G，et al. Temporary storage or permanent removal? The division of nitrogen between biotic assimilation and denitrification in stormwater biofiltration systems [J]. PLoS One，2014，9 (3)：e90890.

[104] Braskerud B. Factors affecting phosphorus retention in small constructed wetlands treating agricultural non - point source pollution [J]. Ecological Engineering，2002，19 (1)：41 - 61.

[105] Le Coustumer S，Fletcher T D，Deletic A，et al. Hydraulic performance of biofilter systems for stormwater management：Influences of design and operation [J]. Journal of Hydrology，2009，376 (1 - 2)：16 - 23.

[106] Sun X，Davis A P. Heavy metal fates in laboratory bioretention systems [J]. Chemosphere，2007，66 (9)：1601 - 1609.

[107] Hsieh C，Davis A P. Evaluation and optimization of bioretention media for treatment of urban storm water runoff [J]. Journal of Environmental Engineering - Asce，2005，131 (11)：1521 - 1531.

［108］ LeFevre G H，Paus K H，Natarajan P，et al. Review of Dissolved Pollutants in Urban Storm Water and Their Removal and Fate in Bioretention Cells ［J］. Journal of Environmental Engineering - Asce, 2015, 141 (1)：4014050.

［109］ LeFevre G H，Novak P J，Hozalski R M. Fate of naphthalene in laboratory - scale bioretention cells: implications for sustainable stormwater management ［J］. Environmental Science & Technology，2012，46（2）：995 - 1002.

［110］ Davis A P，Shokouhian M，Sharma H，et al. Laboratory study of biological retention for urban stormwater management ［J］. Water Environment Research, 2001, 73 (1)：5 - 14.

［111］ 朋四海，黄俊杰，李田. 过滤型生物滞留池径流污染控制效果研究 ［J］. 给水排水，2014，50 (06)：38 - 42.

［112］ Sengupta S，Ergas S J，Lopez - Luna E，et al. Autotrophic Biological Denitrification for Complete Removal of Nitrogen from Septic System Wastewater ［J］. Water，Air & Soil Pollution：Focus, 2006, 6 (1 - 2)：111 - 126.

［113］ Benyoucef S，Amrani M. RETRACTED：Removal of Phosphate from Aqueous Solution with Modified Sawdust ［J］. Procedia Engineering，2012，33：58 - 69.

［114］ Krishnan K A，Haridas A. Removal of phosphate from aqueous solutions and sewage using natural and surface modified coir pith ［J］. Journal of Hazardous materials，2008，152（2）：527 - 535.

［115］ 刘宇. 改性炭化秸秆处理含磷废水的吸附机理研究 ［D］. 成都：成都理工大学，2011.

［116］ 白建华，侯蓉，赵晋宇，等. 改性高粱秸秆对磷酸根的吸附性能研究 ［J］. 分析科学学报，2012，28（2）：237 - 240.

［117］ 刘长青，毕学军，张峰，等. 低温对生物脱氮除磷系统影响的试验研究 ［J］. 水处理技术，2006 (8)：18 - 21.

［118］ Hatt B E，Fletcher T D，Deletic A. Hydrologic and pollutant removal performance of stormwater biofiltration systems at the field scale ［J］. Journal of Hydrology，2009，365（3 - 4）：310 - 321.

［119］ Lucas W C，Greenway M. Nutrient retention in vegetated and nonvegetated bioretention mesocosms ［J］. Journal of Irrigation and Drainage Engineering，2008，134（5）：613 - 623.

［120］ 魏依娜. 华南地区低影响开发设计中的植物选择 ［J］. 建筑工程技术与设计，2016 (15).

［121］ Trowsdale S A，Simcock R. Urban stormwater treatment using bioretention ［J］. Journal of Hydrology，2011，397（3 - 4）：167 - 174.

［122］ Davis A P，Hunt W F，Traver R G，et al. Bioretention technology：overview of current practice and future needs ［J］. Journal of Environmental Engineering - Asce，2009，135（3）：109 - 117.

［123］ 许学峰，尤朝阳，汤云春，等. 基于海绵城市建设的雨水花园技术综述 ［J］. 上海环境科学，2016，35（4）：139 - 142.

［124］ Yu S L，Kuo J T，Fassman E A，et al. Field test of grassed - swale performance in removing runoff pollution ［J］. Journal of Water Resources Planning and Management，2001，127（3）：168 - 171.

［125］ Davis A P，Shokouhian M，Sharma H，et al. Water quality improvement through bioretention media：nitrogen and phosphorus removal ［J］. Water Environment Research，2006，78（3）：284 - 293.

［126］ Turer D，Maynard J B，Sansalone J J. Heavy metal contamination in soils of urban highways comparison between runoff and soil concentrations at Cincinnati，Ohio ［J］. Water Air and Soil Pollution，2001，132（3/4）：293 - 314.

［127］ Reddy K R，Xie T，Dastgheibi S. PAHs removal from urban storm water runoff by different filter materials ［J］. Journal of Hazardous，Toxic and Radioactive Waste，2014，18（2）：4014008.

[128] Chandrasena G I，Pham T，Payne E G，et al. E. coli removal in laboratory scale stormwater biofilters：Influence of vegetation and submerged zone [J]. Journal of Hydrology，2014，519：814 - 822.

[129] Barber M E，King S G，Yonge D R，et al. Ecology ditch：A best management practice for storm water runoff mitigation [J]. Journal of Hydrologic Engineering，2003，8 (3)：111 - 122.

[130] James W，Xie J. Modeling thermal enrichment of streams due to solar heating of local urban stormwater [C]. Journal of Water Management Modeling，1999：139 - 157.

[131] Jones M P，Hunt W F. Bioretention impact on runoff temperature in trout sensitive waters [J]. Journal of Environmental Engineering - Asce，2009，135 (8)：577 - 585.

[132] 郭娉婷. 生物滞留设施生态水文效应研究 [D]. 北京：北京建筑大学，2015.

[133] 胡爱兵，李子富，张书函，等. 模拟生物滞留池净化城市机动车道路雨水径流 [J]. 中国给水排水，2012，28 (13)：75 - 79.

[134] 杨丽琼. 生物滞留技术重金属净化机理与风险评估 [D]. 北京：北京建筑大学，2014.

[135] 潘国艳，夏军，张翔，等. 生物滞留池水文效应的模拟试验研究 [J]. 水电能源科学，2012，30 (5)：13 - 15.

[136] 张庆国，杨书运，刘新，等. 城市热污染及其防治途径的研究 [J]. 合肥工业大学学报（自然科学版），2005 (4)：360 - 363.

[137] 李小静，李俊奇，戚海军，等. 城市雨水径流热污染及其缓解措施研究进展 [J]. 水利水电科技进展，2013，33 (1)：89 - 94.

[138] 汤民，孙大明，马素贞. 绿色建筑运行实效问题与碳减排研究分析 [J]. 施工技术，2012，41 (3)：30 - 33.

[139] Lesliegrady C. P. 废水生物处理 [M]. 张锡，等，译. 北京：化学工业出版社，2003.

[140] Helmer C，Kunst S. Low temperature effects on phosphorus release and uptake by microorganisms in EBPR plants [J]. Water Science and Technology，1998，37 (4 - 5)：531 - 539.

[141] Villaverde S. Influence of pH over nitrifying biofilm activity in submerged biofilters [J]. Water Research，1997，31 (5)：1180 - 1186.

[142] 刘军，王斌，潘登，等. 好氧脱氮过程中脱氮途径的初探 [J]. 工业水处理，2003 (11)：53 - 56.

[143] Kulkarni P M. Effect of shock and mixed loading on the performance of SND based sequencing batch reactors (SBR) degrading nitrophenols [J]. Water Research，2012，46 (7)：2405 - 2414.

[144] 葛俊，胡小贞，庞燕，等. 砾间接触氧化法对白鹤溪低污染水体的净化效果 [J]. 环境科学研究，2015，28 (5)：816 - 822.

[145] 张雅，谢宝元，张志强，等. 生物接触氧化技术处理河道污水的可行性研究 [J]. 水处理技术，2012，38 (5)：51 - 54.

[146] Lin J L，Tu Y T，Chiang P C，et al. Using aerated gravel - packed contact bed and constructed wetland system for polluted river water purification：A case study in Taiwan [J]. Journal of Hydrology，2015，525：400 - 408.

[147] 李先宁，宋海亮，吕锡武，等. 反应器分区提高生物接触氧化硝化性能的研究 [J]. 中国环境科学，2006 (1)：62 - 66.

[148] 张森，彭永臻，王聪，等. 三段式硝化型生物接触氧化反应器的启动及特性 [J]. 中国环境科学，2015，35 (1)：101 - 109.

[149] 李璐，温东辉，张辉，等. 分段进水生物接触氧化工艺处理河道污水的试验研究 [J]. 环境科学，2008 (8)：2227 - 2234.

[150] 张辉，温东辉，李璐，等. 分段进水生物接触氧化工艺净化河道水质的旁路示范工程研究 [J]. 北京大学学报（自然科学版），2009，45 (4)：677 - 684.

[151] 潘碌亭，王文蕾，余波. 接触氧化-强化混凝工艺处理崇明农村生活污水特性 [J]. 农业工程学报，2011，27（9）：242-247.

[152] Zhang M，Wang C，Peng Y，et al. Organic substrate transformation and sludge characteristics in the integrated anaerobic anoxic oxic - biological contact oxidation（A2/O - BCO）system treating wastewater with low carbon/nitrogen ratio [J]. Chemical Engineering Journal，2016，283：47-57.

[153] Muszyński A，Tabernacka A，Mi? ob? dzka A. Long - term dynamics of the microbial community in a full - scale wastewater treatment plant [J]. International Biodeterioration & Biodegradation，2015，100：44-51.

[154] Fang F，Han H，Zhao Q，et al. Bioaugmentation of biological contact oxidation reactor（BCOR）with phenol - degrading bacteria for coal gasification wastewater（CGW）treatment [J]. Bioresource Technology，2013，150：314-320.

[155] Li Z H，Yang K，Yang X J，et al. Treatment of municipal wastewater using a contact oxidation filtration separation integrated bioreactor [J]. Journal of Environmental Management，2010，91（5）：1237-1242.

[156] 黄廷林，丛海兵，周真明，等. 强化原位生物接触氧化技术改善水源水质的试验研究 [J]. 环境科学学报，2006（5）：785-790.

[157] 丁卫东，杨卫权. 生物接触氧化处理大治河原水的试运行介绍 [J]. 给水排水，2001（10）：7-10，1.

[158] 王曼，李冬，张杰，等. 生物接触氧化用于河道治理的快速启动性能研究 [J]. 水处理技术，2011，37（10）：27-31.

[159] 曹蓉，邢海，金文标. 生物膜处理城市河道污染水体的挂膜试验研究 [J]. 环境工程学报，2008（3）：374-377.

[160] 唐文锋，胡友彪，孙丰英. 改性悬浮填料生物接触氧化预处理微污染水源水 [J]. 水处理技术，2016，42（5）：109-112，116.

[161] 彭福全，熊正为，虢清伟，等. 生物接触氧化工艺处理河道原水实验研究 [J]. 南华大学学报（自然科学版），2010，24（1）：87-91.

[162] 梁建祺，宁寻安. 生物接触氧化技术在低温条件下脱氮除磷效果试验研究 [J]. 环境工程，2009，27（S1）：334-336，37.

[163] 李璐，张辉，谢曙光，等. 生物接触氧化工艺处理河道污水的试验研究 [J]. 中国给水排水，2008（7）：25-28，33.

[164] 刘文俊，许振成，虢清伟，等. 丁山河重污染河流水环境整治工程设计 [J]. 中国给水排水，2013，29（20）：74-77.

[165] 刘鲁建，聂忠文，冀雪峰，等. 生物接触氧化填料在梁滩河综合治理中的应用 [J]. 三峡环境与生态，2012，34（6）：39-41，57.

[166] Shan L，He Y，Chen J，et al. Nitrogen surface runoff losses from a Chinese cabbage field under different nitrogen treatments in the Taihu Lake Basin，China [J]. Agricultural Water Management，2015，159：255-263.

[167] Xing W，Yang P，Ren S，et al. Slope length effects on processes of total nitrogen loss under simulated rainfall [J]. CATENA，2016，139：73-81.

[168] 范晓娟，张丽萍，邓龙洲，等. 我国东南典型侵蚀区坡地磷素流失机制模拟研究 [J]. 环境科学学报，2018，38（6）：2409-2417.

[169] 关荣浩，马保国，黄志僡，等. 冀南地区农田氮磷流失模拟降雨试验研究 [J]. 农业环境科学学报，2020，39（3）：581-589.

［170］ 黄东风，王果，李卫华，等．不同施肥模式对蔬菜生长、氮肥利用及菜地氮流失的影响［J］．应用生态学报，2009，20（3）：631－638．

［171］ 陈成龙．三峡库区小流域氮磷流失规律与模型模拟研究［D］．重庆：西南大学，2017．

［172］ 徐畅，谢德体，高明，等．三峡库区小流域旱坡地氮磷流失特征研究［J］．水土保持学报，2011，25（1）：1－5，10．

［173］ 张燕，李永梅，张怀志，等．滇池流域农田径流磷素流失的土壤影响因子［J］．水土保持学报，2011，25（4）：41－45．

［174］ 姜世伟．三峡库区典型小流域面源污染特征研究［D］．重庆：重庆师范大学，2017．

［175］ 唐柄哲．不同施肥类型及耕作方式下紫色土坡耕地径流氮、磷流失研究［D］．重庆：西南大学，2016．

［176］ 苏孟白，王克勤，宋娅丽，等．滇中尖山河流域不同土地利用类型产流及氮磷流失特征［J］．水土保持研究，2020，27（5）：24－31．

［177］ 晏军，吴启侠，朱建强，等．基于稻田控水减排的氮肥运筹试验研究［J］．水土保持学报，2018，32（2）：229－236，245．

［178］ 邬燕虹，张丽萍，陈儒章，等．坡长和雨强对氮素流失影响的模拟降雨试验研究［J］．水土保持学报，2017，31（2）：7－12．

［179］ Bouraima A－K，He B，Tian T. Runoff，nitrogen（N）and phosphorus（P）losses from purple slope cropland soil under rating fertilization in Three Gorges Region［J］. Environmental Science and Pollution Research，2016，23（5）：4541－4550．

［180］ 王晔霞．吸附剂在氮磷废水处理中的应用进展［J］．化工技术与开发，2013，42（11）：52－55．

［181］ 罗佑新，郭惠昕，张龙庭，等．材料选择的灰色局势决策方法及应用［J］．现代制造工程，2003（9）：10－12．

［182］ 张勤勇，刘翠华．模糊综合决策在材料选择中的应用［J］．机械，2000（S1）：188－190．

［183］ 周长春，殷国富，胡晓兵，等．面向绿色设计的材料选择多目标优化决策［J］．计算机集成制造系统，2008（5）：1023－1028，1035．

［184］ Zopounidis C，Doumpos M. Multicriteria classification and sorting methods：A literature review［J］. European Journal of Operational Research，2002，138（2）：229－246．

［185］ Lee S，Seo K－K. A hybrid multi－criteria decision－making model for a cloud service selection problem using BSC，fuzzy delphi method and fuzzy AHP［J］. Wireless Personal Communications，2016，86（1）：57－75．

［186］ Bahrani S，Ebadi T，Ehsani H，et al. Modeling landfill site selection by multi－criteria decision making and fuzzy functions in GIS，case study：Shabestar，Iran［J］. Environmental Earth Sciences，2016，75（4）：337．

［187］ Pohekar S D，Ramachandran M. Application of multi－criteria decision making to sustainable energy planning—A review［J］. Renewable and Sustainable Energy Reviews，2004，8（4）：365－381．

［188］ Chang N－B，Wanielista M，Daranpob A，et al. New performance－based passive septic tank underground drainfield for nutrient and pathogen removal using sorption media［J］. Environmental Engineering Science，2010，27（6）：469－482．

［189］ Hatt B E，Fletcher T D，Deletic A. Hydraulic and pollutant removal performance of fine media stormwater filtration systems［J］. Environmental Science ℰ Technology，2008，42（7）：2535－2541．

［190］ 张政科，虢清伟，颜智勇，等．具氮、磷吸附特性的多孔混凝土材料优选［J］．混凝土，2012（10）：89－91，131．

［191］ 段宁，吴依远，张银凤．硅藻土/沸石复合颗粒吸附材料脱氮除磷的吸附动力学及热力学分析

[J]. 硅酸盐通报，2014，33（12）：3151-3158.

[192] 张璐. 玉米秸秆生物炭对氮磷的吸附特性及其对土壤氮磷吸附特性的影响 [D]. 长春：吉林大学，2016.

[193] 张鹏，梁英，马效芳，等. 混凝泥渣生物滞留池脱氮除磷性能的实验研究 [J]. 环境工程，2016，34（S1）：326-331.

[194] 程伟凤，李慧，杨艳琴，等. 城市污泥厌氧发酵残渣热解制备生物炭及其氮磷吸附研究 [J]. 化工学报，2016，67（4）：1541-1548.

[195] Harmayani K D, Anwar A H M F. Adsorption of nutrients from stormwater using sawdust [J]. International Journal of Environmental Science and Development，2012：114-117.

[196] 刘共华. 利用废弃轮胎颗粒过滤废水 [J]. 中国资源综合利用，2007（1）：13.

[197] 李元志，沈志强，周岳溪，等. 天然斜发沸石对氨氮的快速吸附特性研究 [J]. 环境工程技术学报，2014，4（4）：275-281.

[198] Khattri S D, Singh M K. Removal of malachite green from dye wastewater using neem sawdust by adsorption [J]. Journal of Hazardous Materials，2009，167（1-3）：1089-1094.

[199] 江勇. 生物质吸附材料水处理工艺的初探 [D]. 武汉：华中科技大学，2005.

[200] BULUT Y, TEZ Z. Removal of heavy metals from aqueous solution by sawdust adsorption [J]. Journal of Environmental Sciences，2007，19（2）：160-166.

[201] 向衡，韩芸，刘琳，等. 用于河道水反硝化脱氮补充碳源选择研究 [J]. 水处理技术，2013，39（05）：64-68.

[202] 隋建波. 废弃轮胎橡胶常温粉碎与胶粉改性研究 [D]. 北京：清华大学，2011.

[203] 李岩，张勇，张隐西. 废橡胶的国内外利用研究现状 [J]. 合成橡胶工业，2003（01）：59-61.

[204] Entezari M H, Ghows N, Chamsaz M. Combination of ultrasound and discarded tire rubber：removal of Cr（Ⅲ）from aqueous solution [J]. The Journal of Physical Chemistry A，2005，109（20）：4638-4642.

[205] Al-Asheh S, Banat F. Adsorption of copper ions on to tyre rubber [J]. Adsorption Science & Technology，2000，18（8）：685-700.

[206] Arocha M A, Jackman A P, McCoy B J. Numerical analysis of sorption and diffusion in soil micropores, macropores, and organic matter [J]. Computers & Chemical Engineering，1997，21（5）：489-499.

[207] Wang N, Park J, Ellis T G. The mechanism of hydrogen sulfide adsorption on fine rubber particle media（FRPM）[J]. Journal of Hazardous Materials，2013，260：921-928.

[208] 耿彪. 曝气潜流湿地填料筛选与净化性能研究 [D]. 徐州：中国矿业大学，2015.

[209] 任伯帜，田胜海. 城市给水厂给水污泥用于烧制粉煤灰-粘土砖的试验 [J]. 城市环境与城市生态，2003，016（5）：13-15.

[210] 郑育毅，余育方，李妍，等. 自来水厂污泥制得陶粒对污水中磷和氨氮的吸附 [J]. 环境工程学报，2015，9（2）：756-762.

[211] 帖靖玺，赵莉，张仙娥. 净水厂污泥的磷吸附特性研究 [J]. 环境科学与技术，2009，32（06）：149-151，164.

[212] Babatunde A O, Zhao Y Q, Yang Y, et al. Reuse of dewatered aluminium-coagulated water treatment residual to immobilize phosphorus：Batch and column trials using a condensed phosphate [J]. Chemical Engineering Journal，2008，136（2-3）：108-115.

[213] 黄祺，何丙辉，赵秀兰，等. 三峡蓄水期间汉丰湖消落区营养状态时间变化 [J]. 环境科学，2015，36（3）：928-935.

[214] 郑志伟，胡莲，邹曦，等. 汉丰湖富营养化综合评价与水环境容量分析 [J]. 水生态学杂志，

2014, 35 (5): 22 – 27.

[215] 张志永，程丽，郑志伟，等 . 汉丰湖入湖支流河岸带植物群落特征及其环境影响分析 [J]. 水生态学杂志，2015，36 (1): 9 – 18.

[216] 黄祺，何丙辉，赵秀兰，等 . 三峡库区汉丰湖水质的时空变化特征分析 [J]. 西南大学学报（自然科学版），2016，38 (3): 136 – 142.

[217] 方媛瑗，刘玲花，吴雷祥，等 . 5 种填料对污水中氮磷的吸附特性研究 [J]. 应用化工，2016，45 (9): 1619 – 1623.

[218] 付融冰，杨海真，顾国维，等 . 人工湿地基质微生物状况与净化效果相关分析 [J]. 环境科学研究，2005 (06): 46 – 51.

[219] 金秋，李先宁，施勇，等 . 湿地基质有效高度对农村生活污水净化影响的试验研究 [J]. 环境科技，2009，22 (3): 15 – 17.

[220] Hossain F. Nutrient removal from stormwater by using green sorption media [D]. Orlando: University of Central Florida, 2008.

[221] 张荣社，李广贺，周琪，等 . 潜流湿地中植物对脱氮除磷效果的影响中试研究 [J]. 环境科学，2005 (4): 83 – 86.

[222] 向璐璐，李俊奇，邝诺，等 . 雨水花园设计方法探析 [J]. 给水排水，2008 (6): 47 – 51.

[223] 潘国艳，夏军，张翔，等 . 生物滞留池水质效应的模拟试验 [J]. 陕西师范大学学报（自然科学版），2012，40 (6): 97 – 101.

[224] 刘雨，赵庆良，郑兴灿 . 生物膜法污水处理技术 [M]. 北京：中国建筑工业出版社，2000.